Llama
应用开发实战

刘 欣 著

人民邮电出版社

北 京

图书在版编目（CIP）数据

Llama 应用开发实战 / 刘欣著. -- 北京：人民邮电
出版社，2025. -- ISBN 978-7-115-67200-1

Ⅰ．TP391

中国国家版本馆 CIP 数据核字第 2025JC7565 号

内 容 提 要

本书旨在带领读者全面掌握将 Llama 应用于多模态智能体、编程助手及私有化部署等场景的相关知识。全书共分三篇，内容由浅到深、层层递进。

基础篇（第 1 章～第 3 章）概览大模型技术，聚焦 Transformer 显卡开发环境与自然语言处理任务，深入分析开源大模型的推理与训练。

核心篇（第 4 章～第 8 章）探讨提示工程技术与应用，介绍如何基于 Llama 3 打造 SWE-Agent 编程助手，详细阐述实现 Llama 3 私有化落地应用的初级与进阶 RAG，以及专用知识站与问答系统的构建。

扩展篇（第 9 章～第 10 章）探索 Llama 3 手机与边缘计算的部署，介绍 Llama 3 的高级功能。

本书是一部集理论与实践于一体的技术宝典，适合人工智能领域的开发者及对大模型感兴趣的读者阅读。

◆ 著 刘 欣
　　责任编辑　杨绣国
　　责任印制　王 郁　焦志炜
◆ 人民邮电出版社出版发行　　北京市丰台区成寿寺路 11 号
　　邮编　100164　电子邮件　315@ptpress.com.cn
　　网址　https://www.ptpress.com.cn
　　三河市君旺印务有限公司印刷
◆ 开本：800×1000　1/16
　　印张：13　　　　　　　　　　　2025 年 9 月第 1 版
　　字数：244 千字　　　　　　　　2025 年 9 月河北第 1 次印刷

定价：69.80 元

读者服务热线：(010)81055410　印装质量热线：(010)81055316
反盗版热线：(010)81055315

前言

为什么要写这本书

在浩瀚无垠的宇宙中，每一个存在都如同奇迹般闪耀，而生命无疑是这众多奇迹中最为璀璨的明星。洛水先生在《知北游》中提到："生命的长河是多么迂回，希望又是多么雄壮。"这句话犹如一束指引之光，照亮了我探索智能奥秘的漫漫征途。自古以来，探索智能便是人类梦寐以求的目标，从古代神话中的机械人偶，到现代科幻小说中无所不能的高级人工智能，人类对智能的遐想与追求从未停歇。

随着科技的日新月异，人工智能已从昔日的幻想变为今日的现实，从简单的自动化工具逐渐演变为能够模拟甚至超越人类智慧的存在。在此背景下，本书应运而生。本书不仅系统探讨了机器学习的基础知识，还深入剖析了多模态智能体大模型的构建原理与应用实践。它将引领读者从零起步，一步步搭建神经网络，探索 Transformer 的显卡开发环境。沿着这条道路不断前行，读者还将涉足开源大模型的推理与训练领域。在此过程中，每一次的探索与实践都饱含着对智能奥秘的深深敬畏。

在人工智能的浪潮中，大模型的崛起无疑标志着一个新时代的到来。随着深度学习、神经网络和机器学习算法的飞速发展，我们拥有了前所未有的能力，能够训练出利用海量数据学习复杂语言模式的模型。这些模型在理解和生成自然语言方面展现出卓越的能力，令人惊叹。Meta 公司推出的大模型 Llama 3 就是这些模型的代表。本书旨在顺应这一时代潮流，提供一个全面、系统的视角，帮助读者深入理解大模型的技术原理，并掌握 Llama 3 这一强大模型的开发和应用技巧。

目前，各个行业对高效、准确的自然语言处理工具的需求日益增长。大模型凭借卓越的性能，在金融、医疗、教育、法律等多个领域的应用前景愈加广阔。计算资源领域的重大突破，如 GPU 和 TPU 的广泛应用，以及云计算和边缘计算技术的蓬勃发展，为训练和部署这些大模型提供了强有力的支持。同时，开源社区的兴起为大模型的发展注入了新的活力。这些社区提供了丰富的资源和平台，促进了全球开发者的协作与创新。在这个大模型群雄逐鹿的时代，各大科技公司和研究机构都在竞相开发自己的大模型，市场竞争异常激烈。这种竞争不仅推动了技术的持续创新，也加速了大模型技术的普及与应用。

本书作为一本全面、深入地探讨 Llama 3 及其相关技术在人工智能领域应用的实战指南，详尽介绍了从基础理论到实际应用的各个方面。本书为读者提供了一个系统、全面的学习路径，帮助读者深入理解并掌握 Llama 3 这一强大的模型。因此，本书既可作为高校教材，也可以作为专业人士的参考书。

读者对象

本书特别适合以下几类读者群体。

- 本科生与研究生。对计算机科学、人工智能、数据科学等相关专业的本科生和研究生而言，本书不仅能够帮助他们建立坚实的理论基础，还会通过案例分析和项目实践，引导他们将所学知识应用于解决现实世界的问题，从而培养其创新思维和实战能力。
- 研究员与学者。对于在大模型、自然语言处理和机器学习领域深耕的研究员和学者，本书汇聚的最新研究成果和技术进展，可激发其研究灵感，从而推动学术领域的持续创新。
- 工程师与开发者。对于从事智能系统设计、软件开发和人工智能应用开发的工程师和开发者，本书是一本不可或缺的工具书。本书详细阐述了 Llama 3 的原理和使用方法，工程师和开发者可以将从本书中学到的知识应用于产品创新和性能优化实践，从而设计出更高效、更智能的计算系统。
- 技术爱好者与自学者。对于对大模型技术、机器学习和自然语言处理怀有浓厚兴趣的自学者，本书提供了一条从基础到高级的系统学习路径。
- 企业决策者与产品经理。对于希望借助人工智能技术推动业务创新和产品升级的企业决策者和产品经理，本书全面介绍了 Llama 3 及其应用场景，能够帮助他们更准确地把握人工智能技术的潜力和局限，从而做出更明智的技术决策和战略规划。

通过本书的学习，读者不仅能够熟练掌握 Llama 3 的开发与应用技巧，还能对人工智能大模型技术的发展趋势和未来方向形成清晰的认知。

如何阅读本书

本书共分为三篇，带领读者体验全面而深入的 Llama 3 学习之旅。

基础篇（第 1～3 章）是通往大模型技术殿堂的基石。这部分内容首先介绍机器学习的起源，详述其定义、分类及核心算法，逐步引领读者步入大模型的宏伟世界；然后探讨大模型的基本概念和技术演进历程，揭示多模态智能体大模型融合多元数据、模拟人类认知的奥秘；接着指导读者搭建 Transformer 模型的显卡开发环境，并通过 BERT 系列模型与 GPT 模型在自然语言处理任务中的实战应用，让读者亲身感受技术的魅力。

核心篇（第 4～8 章）聚焦 Llama 3 的私有化实战应用。首先深入探讨提示工程技术与应用，助力读者掌握运用提示工程完成自然语言处理任务的方法；然后介绍基于 Llama 3 打造 SWE-Agent 编程助手的具体途径，为读者呈上一套完整的解决方案；接着讲解检索增强生成（Retrieval-augmented Generation，RAG）在 Llama 3 私有化落地应用中的实践技巧，帮助读者掌握相关部署与优化手段；最后阐述如何基于 Llama 3 打造专用知识站与问答系统，为读者提供一套切实可行的构建方案。

扩展篇（第 9～10 章）探索 Llama 3 在移动端与边缘计算领域的部署价值与广阔前景，深入剖析模型的高级功能，如世界模型的理念与多模态大模型的开发技巧，以及端侧大模型的部署策略，并手把手教读者将 Llama 3 的高级功能融入实际项目。

勘误和支持

鉴于笔者水平有限且编写时间较为仓促，书中难免存在疏漏之处，恳请读者批评指正。本书的随书配套资源可在网盘（https://pan.baidu.com/s/1qnZcsilsj0FHX-jJLUPnPQ? pwd=75iy）中下载，如读者有兴趣参与技术交流，可加入 QQ 群（711096868），共话技术之道。

致谢

在完成本书之际，我心中充满了感激之情，迫切地想要向所有在本书撰写和出版过程中给予我无私支持与帮助的人致以最诚挚的谢意。

首先，我要衷心感谢东南大学为我提供的优越学术环境和丰富的学术资源，这让我得以在专业领域内自由探索、深入研究。感谢莫凌飞教授对我的悉心指导。同时，我也要向人民邮电出版社的全体工作人员表达深深的敬意，正是他们的辛勤付出和专业指导，才使得本书能够顺利问世。特别要感谢策划编辑杨绣国以及所有参与审校工作的老师，他们的宝贵意见和细致审校为本书的质量提供了有力保障，他们严谨的态度和无私的奉献精神，让本书的内容更加完善。

我更要向我已故的父亲致以最深切的怀念和感激。父亲的智慧与教诲，如同灯塔一般照亮我前行的道路，他的鼓励和支持是我坚持科研和创作的不竭动力。同时，我也要感谢我的其他家人、老师和朋友，在我最需要的时候，是他们伸出了援手，给予了我无尽的帮助和支持，让我在学术道路上不再孤单。

此外，我还要感谢那个一直心怀梦想的自己。正是这份对梦想的执着追求，让我勇往直前，在科研与写作道路上不断突破，克服了一个又一个难关。本书是我人生中的首部著作，它不仅是我职业生涯的重要里程碑，还是我多年学习和研究的结晶。

最后，我要向所有选择本书的读者表示衷心的感谢。希望他们在阅读过程中有所收获，也希望本书对他们的学习和工作有所帮助。

再次感谢所有支持和帮助我的人，没有他们的鼎力相助，就没有这本书的诞生。

在此，我想以一个温馨的愿景作为前言的收尾——在这个瞬息万变的世界里，愿我们每个人都能找到属于自己的那份宁静与和谐，愿我们都能被温柔以待，愿落日的余晖总能轻轻地拂过那片波光粼粼的海面，给予我们无尽的希望与憧憬。

刘欣

2025 年 6 月写于合肥

资源与支持

资源获取

本书提供如下资源：

- 本书思维导图
- 异步社区 7 天 VIP 会员
- 本书源代码

要获得以上资源，扫描右侧二维码，根据指引领取。

提交勘误

　　作者和编辑尽最大努力来确保书中内容的准确性，但难免会存在疏漏。欢迎您将发现的问题反馈给我们，帮助我们提升图书的质量。

　　当您发现错误时，请登录异步社区（https://www.epubit.com），按书名搜索，进入本书页面，点击"发表勘误"，输入勘误信息，点击"提交勘误"按钮即可（见下图）。本书的作者和编辑会对您提交的勘误信息进行审核，确认并接受后，您将获赠异步社区的 100 积分。积分可用于在异步社区兑换优惠券、样书或奖品。

与我们联系

我们的联系邮箱是 contact@epubit.com.cn。

如果您对本书有任何疑问或建议，请您发邮件给我们，并请在邮件标题中注明本书书名，以便我们更高效地做出反馈。

如果您有兴趣出版图书、录制教学视频，或者参与图书翻译、技术审校等工作，可以发邮件给我们。

如果您所在的学校、培训机构或企业，想批量购买本书或异步社区出版的其他图书，也可以发邮件给我们。

如果您在网上发现有针对异步社区出品图书的各种形式的盗版行为，包括对图书全部或部分内容的非授权传播，请您将怀疑有侵权行为的链接通过邮件发送给我们。您的这一举动是对作者权益的保护，也是我们持续为您提供有价值的内容的动力之源。

关于异步社区和异步图书

"**异步社区**"（www.epubit.com）是由人民邮电出版社创办的 IT 专业图书社区，于 2015 年 8 月上线运营，致力于优质内容的出版和分享，为读者提供高品质的学习内容，为作译者提供专业的出版服务，实现作者与读者在线交流互动，以及传统出版与数字出版的融合发展。

"**异步图书**"是异步社区策划出版的精品 IT 图书的品牌，依托于人民邮电出版社在计算机图书领域 30 余年的发展与积淀。异步图书面向 IT 行业以及各行业使用 IT 的用户。

目录

基 础 篇

核　心　篇

扩 展 篇

基础篇

第 **1** 章 大模型技术概览

本章将探索机器学习的奥秘，揭示大模型技术如何重塑人工智能的边界。我们将从基础概念出发，逐步深入多模态智能体大模型的核心，洞察其在模拟人类认知方面的非凡潜力。本章旨在为后续的技术探索和应用实践提供理论支持。

1.1 从机器学习到多模态智能体大模型

本节将梳理机器学习（Machine Learning）的发展脉络，探索其如何从传统算法模型演进为多模态智能体大模型，进而开启人工智能新时代。下面将阐述机器学习如何跨越单一模态的局限，迈向整合多种感知通道的多模态智能系统。

1.1.1 机器学习

机器学习是人工智能的基石，赋予计算机自主学习和决策能力，它超越了传统编程的范畴，是一种基于经验积累和模式识别的高级技术。下面介绍机器学习的定义、分类、关键算法及其在多个领域的广泛应用。

1. 定义与分类

机器学习是计算机系统通过经验数据不断优化自身性能的技术。其核心目标是通过模式识别和统计建模，使系统在缺乏显式编程的前提下完成预测、分类、决策等任务。按学习方式的不同，机器学习主要分为以下几类。

- 监督学习：通过大量已标注的数据进行训练，使模型能够预测新样本的输出结果，常用于分类与回归任务。

- 无监督学习：无需标签，模型可自动从数据中提取结构和模式，典型任务包括聚类与降维。
- 半监督学习：结合少量标注数据和大量未标注数据，提升模型在标注不足条件下的表现。
- 强化学习：智能体通过与环境交互获得反馈，不断调整策略以最大化长期回报，适用于游戏控制、机器人导航等场景。

2. 关键算法

在机器学习的世界中，算法是实现模型学习过程的核心技术。以下是一些基础且广泛使用的机器学习算法。

- 线性回归（Linear Regression）：用于预测连续值输出，例如房价预测。它通过最小化实际值和预测值之间的平方误差之和来寻找最佳拟合线。
- 逻辑回归（Logistic Regression）：用于分类问题，尤其是二分类问题。它通过使用 Logistic 函数将线性回归的输出映射到 0 和 1 之间，从而实现分类。
- 决策树（Decision Trees）：通过一系列判断条件将数据划分为更小的集合，以便于预测。决策树直观且易于解释，常用于处理分类和回归问题。
- 支持向量机（Support Vector Machines，SVM）：一种强大的分类算法，通过寻找不同类别数据之间的最优决策边界，实现准确分类。支持向量机也可以用于回归问题，利用支持向量机处理回归问题的方法通常被称为支持向量回归（Support Vector Regression，SVR）。
- 朴素贝叶斯（Naive Bayes）：基于贝叶斯定理的分类算法。该算法假设特征之间相互独立，尤其适用于处理包含大量特征的数据集，如用于文本分类任务。
- k-近邻（k-Nearest Neighbors，k-NN）：一种简洁且高效的算法，在分类或回归任务中，它基于这样一种直观的思路——对于一个给定的测试样本，从训练数据集中找出与其距离最近的 k 个邻居数据点，并依据这些邻居的类别（分类任务）或数值（回归任务），来推断该测试样本的类别或数值。
- k-均值聚类（k-Means Clustering）：一种无监督学习算法，通过将数据点划分为 k 个簇来实现数据压缩或模式识别。
- 随机森林（Random Forest）：一种集成学习算法，通过构建多个决策树并将它们的预测结果结合，来提高模型的准确性和稳健性。
- 主成分分析（Principal Component Analysis，PCA）：一种数据降维技术，通过线性变换将数据转换到一个新的坐标系中，使数据在投影方向上的方差最大化。

3．应用领域

机器学习已在众多领域实现广泛应用，推动了各行业的智能化转型，以下是一些典型的应用实例。

- 图像识别：机器学习算法可用于识别和分类图像中的对象，广泛应用于面部识别、医学成像分析等领域。深度学习模型（如卷积神经网络）在图像识别任务中表现出色。
- 自然语言处理（Natural Language Processing，NLP）：机器学习在语言翻译、情感分析、语音识别等领域发挥着重要作用。通过使用循环神经网络（Recurrent Neural Network，RNN）和长短期记忆（Long Short-Term Memory，LSTM）网络，机器能够更好地理解和生成自然语言。
- 推荐系统：电商平台和流媒体服务利用机器学习算法向用户推荐商品或内容。这些系统通常使用协同过滤或基于内容的推荐方法来实现个性化推荐。

1.1.2　大模型

本节专注于深度学习领域的一个重要分支：大模型技术。大模型凭借强大的数据驱动能力和复杂任务的处理能力，正在重塑人工智能的未来。本节将详细讨论大模型的定义与重要性、发展背景、关键技术、应用领域，以及在广泛应用大模型的过程中所面临的挑战和机遇。

1．定义与重要性

大模型，尤其是 GPT 系列，标志着深度学习技术在语言理解与生成能力方面的重大突破。这类模型通常具备数以亿计的参数，通过大规模数据预训练，学习复杂的语言结构与世界知识，展现出了卓越的语言泛化能力和任务迁移能力。例如，GPT-3 拥有 1750 亿参数，能够生成连贯且自然的文本，理解复杂问题，并在多种语言任务中表现出优异性能。

2．发展背景

大模型的快速发展得益于多个因素的共同作用。首先，互联网的普及和数字化转型产生了前所未有的数据量，为大模型的训练提供了丰富的资源。其次，计算硬件的进步，尤其是 GPU 的并行处理能力，极大地加速了深度学习模型的训练过程。此外，TensorFlow 和 PyTorch 等开源框架的兴起降低了开发门槛，促进了全球研究者和工程师之间的协作与知识共享。最后，大型科技公司和研究机构的投入，为大模型的研究提供了资金和资源支持，推动了这一领域的快速发展。

3．关键技术

大模型的成功在很大程度上依赖于以下几项关键技术。

- Transformer 架构：这种模型结构利用自注意力机制使模型能够并行处理序列数据并捕捉长距离依赖关系，从而在处理语言和结构化数据时更加高效。
- 预训练与微调（Fine-tuning）：大模型通常采用两阶段训练方法。在预训练阶段，模型利用大规模数据集学习通用的语言表示；在微调阶段，模型针对特定任务进行调整，以提高性能和适应性。
- 多模态能力：最新的大模型不仅能处理文本数据，还能理解和生成图像、视频等多媒体内容，这大大扩展了它们的应用范围和实用性。
- 可扩展性：大模型的设计允许通过增加参数和训练数据来提升性能，这种可扩展性是其不断进步的重要保障，也是未来模型发展的关键方向。

4．应用领域

大模型的应用已经渗透到日常生活的各个方面，正在推动各行各业的创新和发展。下面是大模型的几个常见应用场景。

- 文本生成与编辑：大模型能够自动撰写新闻报道，生成创意文案，辅助论文写作，极大地提高了内容创作的效率和质量。
- 代码生成与辅助：在软件开发领域，大模型能够根据自然语言描述快速生成代码片段，帮助程序员提高编码效率，缩短开发周期。
- 智能客服与聊天机器人：大模型提供了更加自然、流畅的对话体验，能够自动回答用户的问题，并提供个性化服务，从而提升客户的满意度。
- 教育与知识问答：在教育领域，大模型能够根据学生的需求提供个性化的学习指导和答疑服务，促进个性化学习和教育公平。

5．挑战与机遇

大模型的发展面临着一系列挑战，我们需要在推动其广泛应用的同时，不断探索解决方案。

- 数据隐私与偏见：大模型的训练需要使用大量数据，这可能涉及个人隐私泄露和数据偏见问题。为了保护用户隐私并减少偏见，需要开发更加安全和公平的训练方法。
- 计算资源消耗：训练和运行大模型需要消耗大量的电力和计算资源，这不仅增加了成本，也对环境造成了潜在影响。因此，研究和采用更加节能的算法和硬件变得尤为重要。

- 模型解释性：大模型的决策过程往往难以解释，这在金融、医疗等需要高度透明度的领域会导致一些问题。提高模型的可解释性，可以促进建立用户信任，促进技术的健康发展。

大模型作为人工智能发展的重要里程碑，不仅推动了技术的发展，还为社会进步带来了新的契机。尽管存在挑战，但通过持续研究和技术创新，我们有理由相信人类能够解决这些问题，实现更加智能、高效和公正的人工智能系统。在未来的发展中，大模型将继续在人工智能领域发挥关键作用，引领智能技术迈向新的高度，书写人工智能发展的新篇章。在促进科技进步的同时，我们需高度重视大模型可能产生的伦理问题和社会影响，力求让技术在可控的轨道上运行，为构建更加美好的智能世界持续贡献力量。

1.1.3　多模态智能体大模型

下面将从多模态数据、多模态学习、智能体、应用案例、社会影响、挑战与机遇这几个方面来介绍多模态智能体大模型。

1．多模态数据

多模态数据是指结合了来自不同感官渠道的信息的数据，不仅包括文本、图像、声音和视频等传统意义上的模态数据，也包括各类传感器收集到的数据，如温度、压力、加速度等。这种数据的多样性和丰富性对于实现高级人工智能至关重要。人类通过视觉、听觉、触觉等感官不断接收信息，并在大脑中将这些信息融合，从而形成对环境的全面理解。多模态数据的应用，使得机器能够模拟这一复杂的认知过程。通过整合多种类型的数据，机器能更准确地理解复杂的场景和情境。

以自动驾驶汽车为例，多模态融合技术的赋能直接体现了其在复杂环境感知中的价值。多模态数据可能包括来自摄像头的视觉信息、来自雷达和激光雷达的距离测量数据，以及来自车载音频系统的声学数据。这些数据的融合使得汽车能够更全面地感知周围环境，从而做出更安全的驾驶决策。在医疗领域，多模态数据可能包括来自不同成像技术（如 MRI、CT、X 射线）的图像数据，以及患者的医疗记录和遗传信息。通过分析这些数据，医生可以更准确地诊断疾病并制定治疗方案。

2．多模态学习

多模态学习是人工智能中的一个关键领域，关注如何有效地处理和分析多模态数据。这种学习方式不仅要求算法能够处理不同类型的数据，还要求它们能够理解和整合不同数据源之间的关联性和互补性。多模态学习的一个主要挑战是模态对齐，即如何确保不同模态的信息在语义上是一致的。这需要复杂的算法来识别不同模态中的相似概念或实体，并建立它们之间的准确对应关系。

例如，在图像和文本的多模态学习中，模型需要学习如何将图像中的视觉信息与相应的文本描述相匹配。这不仅涉及对图像内容的准确识别，还涉及对文本的深入理解。在视频和音频的多模态学习中，模型需要理解视频中的视觉内容与伴随的音频信号之间的关系，例如，在情感分析任务中，模型可能需要同时考虑视频中的人物面部表情和音频的情感语调。

多模态学习的一个关键应用是提高机器翻译的准确性。通过结合源语言和目标语言的文本、音频和视频数据，模型可以更全面地理解语言的语义和语境，从而生成更自然、更准确的翻译结果。

3. 智能体

智能体是人工智能领域的一个核心概念，指能够感知环境并据此做出决策以实现特定目标的系统。在多模态大模型的辅助下，智能体可以利用丰富的多模态信息执行复杂任务并做出决策。这种智能体不仅能够理解和响应自然语言指令，还能够处理视觉、听觉和其他感官输入，从而在复杂和动态的环境中实现自主决策和行动。

例如，一个多模态智能体可能需要理解用户的自然语言指令（如"请把房间打扫干净"），通过视觉系统识别房间中的垃圾和杂物，通过音频系统识别语音指令，并结合机器人的运动控制系统执行清洁任务。这种智能体在服务机器人、自动驾驶汽车和智能助手等领域有着广泛的应用。

4. 应用案例

多模态智能体大模型的应用十分广泛，涵盖了从游戏开发到自动驾驶等多个领域。在游戏开发中，多模态智能体大模型可以提供更加真实、互动性更强的游戏体验。例如，通过结合视觉和语言模型，游戏角色可以更好地理解玩家的指令和意图，并做出更自然的反应。在自动驾驶领域，多模态智能体大模型能够整合视觉、雷达和声音数据，从而做出更安全和有效的驾驶决策。例如，通过分析摄像头捕获的道路图像和激光雷达的距离数据，多模态智能体大模型可以更准确地识别行人、车辆和其他障碍物，预测它们的运动轨迹，并规划安全的行驶路径。

在医疗领域，多模态智能体大模型可以帮助医生进行诊断和治疗决策。通过分析患者的多模态医疗数据，包括图像、文本和遗传信息，多模态智能体大模型可以提供更准确的诊断建议和个性化的治疗方案。此外，多模态智能体大模型还可以在教育领域提供个性化的学习体验，通过分析学生的学习行为、语言反馈和情感状态，调整教学内容和方法，以满足学生的个性化需求。

5．社会影响

多模态智能体大模型的发展对社会具有深远影响。它们不仅能够提升服务机器人的交互质量，还能够在教育、医疗等领域提供个性化服务。然而，这也带来了伦理和隐私方面的挑战，需要制定相应的指导原则和法律法规来确保该技术的健康发展。例如，随着多模态智能体大模型在医疗领域的应用越来越广泛，如何保护患者的隐私数据，如何确保智能体的决策过程透明和可解释，成为亟待解决的问题。

6．挑战与机遇

多模态智能体大模型面临着数据隐私保护、模型偏见、技术滥用等挑战。同时，它们也为提高生产效率和服务模式创新提供了机遇。例如，多模态智能体大模型在内容创作领域的应用可能会迎来前所未有的变革。通过结合视觉、语言和音频模型，多模态智能体大模型可以自动生成具有高度创意和个性化的内容，从而极大地提高内容生产的效率和质量。然而，这也可能导致版权和知识产权方面的问题，需要通过法律和技术手段来应对。

多模态智能体大模型是人工智能技术发展的重要方向。它们通过整合多种模态的数据，极大地提升了机器的感知和交互能力。随着技术的不断进步，多模态智能体大模型将在更多领域发挥关键作用，推动社会进入一个更加智能化的时代。同时，我们也需要关注这些技术可能带来的伦理、法律和社会问题，确保它们朝着健康的方向发展，并得到广泛应用。在未来的发展中，多模态智能体大模型将继续在人工智能领域扮演关键角色，推动智能技术开启全新篇章，并在促进科技进步的同时，关注其伦理和社会影响，为建设一个更加美好的智能世界做出贡献。

1.2　动手搭建一个神经网络

本节将引导读者动手构建一个神经网络，从理论出发，逐步进入实践操作，为深入理解人工智能奠定基础。

1.2.1　PyTorch+CUDA 显卡开发环境搭建

为更好地实践深度学习和神经网络，这里特地选择了一套高性能软硬件配置，以保障计算的高效与稳定。硬件配置方面，CPU 选用 24 核心 32 线程的 Intel Core i9-13900K，该处理器具备卓越的多线程处理能力，非常适合执行复杂的计算任务。GPU 选用 NVIDIA RTX A6000，作为目前市场上性能卓越的图形处理单元，它不仅具备强大的图形处理能力，还支持高效的 AI 加速功能，非常适合用于深度学习和其他图形密集型任务。内存选择 128GB，以便为处理大规模数据集和复杂计算任务提供充足支持。软件配置方面，操作系统选择 Windows 10，其用户界面友好，系统稳定性强，支持的硬件和软件广泛。另外，选择英伟达的 CUDA 12.1 作为并行计算平台和编程模型，它可帮助开发者充分发挥英伟达 GPU 的强大计算能力。编程语言选用 Python 3.10，其语法简洁，生态丰富，是深度学习领域的主流开发语言。机器学习框架选用 PyTorch 2.3.0，它是当前流行的开源机器学习框架，特别适合需要动态计算图的任务，广泛应用于计算机视觉和自然语言处理领域。

Python 是一种广泛使用的高级编程语言，其以简洁的语法和良好的可读性而闻名。它支持多种编程范式，包括面向对象、命令式、函数式和过程式等编程方式。Python 注重代码的简洁性和开发效率，因此既适合初学者，也适合专业开发者。

Python 在数据科学、机器学习、网络开发和自动化脚本等多个领域都非常流行。要使用 Python，首先需要从其官方网站下载合适的安装包。对于大多数用户，推荐下载 Python 3.X 版本，本书使用的是 3.10.4 版本。下载完成后，运行安装程序，按照提示完成安装，如图 1-1 所示。在安装过程中，确保勾选 Add Python to PATH，将 Python 添加到环境变量中，以便在命令行中直接运行。

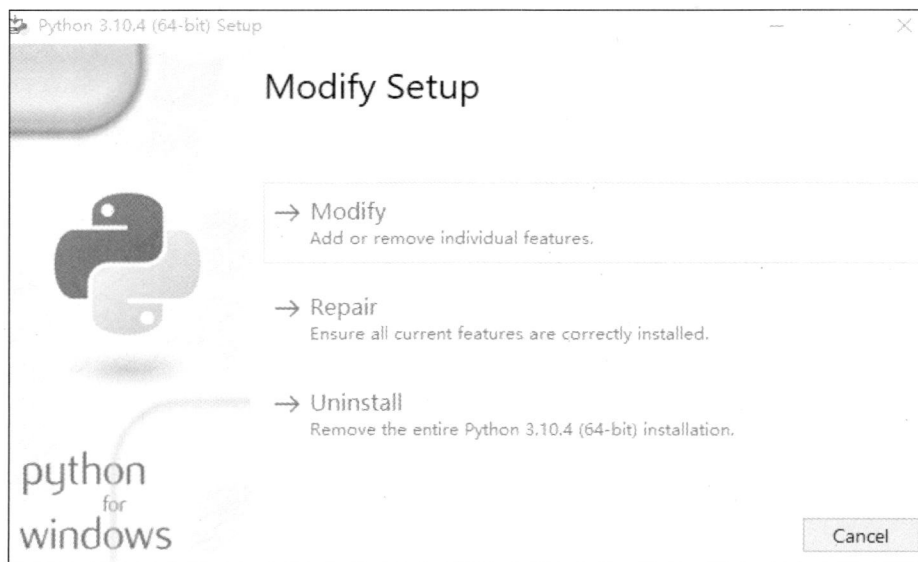

图 1-1　安装 Python 3.10.4

安装 Python 后，可能需要配置环境变量，以确保系统能够找到 Python 解释器和相关的脚本。配置环境变量通常在操作系统的系统属性中进行。在 Windows 系统中，依次单击控制面板→系统→高级系统设置→环境变量。在"系统变量"部分找到 Path 变量并单击"编辑"，添加 Python 的安装路径和 Scripts 目录。例如，若 Python 安装在 E:\Python310，则需要将 E:\Python310 和 E:\Python310\Scripts 添加到 Path 变量中。完成这些步骤后，可以打开命令行工具，输入 python 来验证安装是否成功，如图 1-2 所示。如果看到 Python 的版本信息和版权声明，则表明 Python 已经成功安装并正确配置。

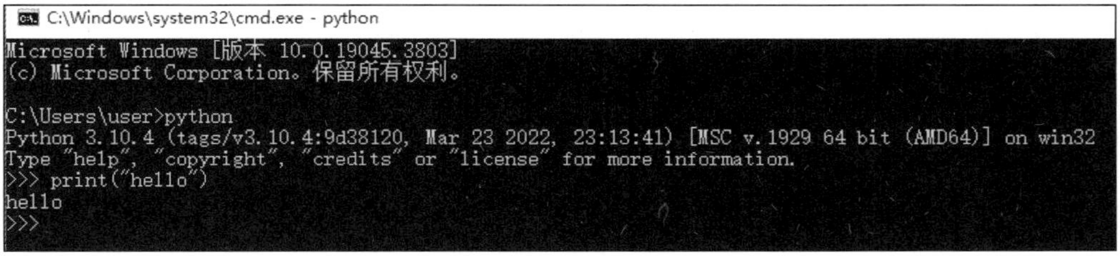

图 1-2　Python 3.10.4 安装成功

CUDA（Compute Unified Device Architecture）是由英伟达推出的一个并行计算平台和 API 集合。它允许开发者使用英伟达的 GPU 进行通用计算，而不仅限于图形渲染。CUDA 提供直接访问 GPU 核心的编程接口，使开发者能够充分利用 GPU 的高并行性来加速计算密集型任务，如深度学习、科学计算和数据分析等。

安装 CUDA 之前，必须确保已安装与 CUDA 兼容的英伟达显卡驱动程序。显卡驱动程序不仅决定了 GPU 能否正常工作，还影响着 CUDA 版本的兼容性。通常，较新的 CUDA 版本需要较新的驱动程序支持。本书选用 552.44 版本，如图 1-3 所示，安装步骤如下。

图 1-3　英伟达显卡驱动程序版本为 552.44

1）访问英伟达官方网站，检查 CUDA 支持的驱动程序版本。

2）根据计算机的显卡型号和操作系统，下载相应的驱动程序。

3）安装驱动程序，然后重启计算机以确保驱动正确加载。

安装了英伟达显卡驱动程序后，接下来安装 CUDA（如图 1-4 所示），这里选择 CUDA 12.1 版本。

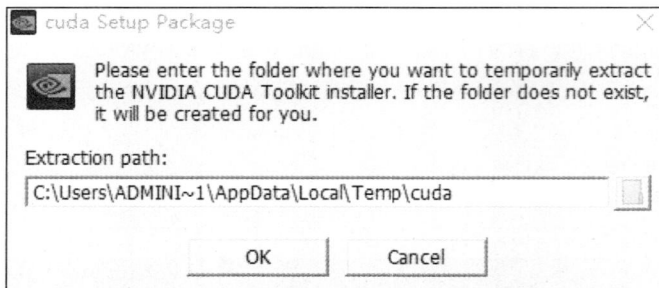

图 1-4　安装 CUDA

安装 CUDA 的具体步骤如下。

1）从英伟达官网下载适用于当前操作系统和架构的 CUDA 版本。

2）运行安装程序，选择安装 CUDA 和相关组件。

3）选择安装路径，可以选择默认安装路径或自定义安装路径。

4）等待安装完成，安装过程可能需要几分钟。

安装完成后，可以通过以下步骤来验证 CUDA 是否正确安装。

1）使用 WIN+R 组合键，输入 CMD，按回车键，进入命令行。

2）输入 nvcc -V，检查 CUDA 编译器版本，输出结果显示 CUDA 的版本号确实为 12.1，如图 1-5 所示。

图 1-5　检查 CUDA 版本

3）输入 nvidia-smi，查看 GPU 状态和驱动信息，如图 1-6 所示。输出信息显示：显卡型号为 RTX A6000，显卡驱动的版本号为 552.44，当前 GPU 负载为 10%，且 CUDA 最高支持版本为 12.4。

注意　英伟达显卡驱动程序的版本决定了能够安装和使用的 CUDA 版本。如果驱动程序版本过低，可能无法支持最新版的 CUDA。因此，在安装 CUDA 之前，应确保显卡驱动已更新到最新的兼容版本。

```
C:\Users\user>nvidia-smi
Fri Aug 23 14:26:40 2024

+-----------------------------------------------------------------------------+
| NVIDIA-SMI 552.44           Driver Version: 552.44       CUDA Version: 12.4 |
|-------------------------------+----------------------+----------------------+
| GPU  Name           TCC/WDDM | Bus-Id        Disp.A | Volatile Uncorr. ECC |
| Fan  Temp   Perf  Pwr:Usage/Cap|        Memory-Usage | GPU-Util  Compute M. |
|                               |                      |               MIG M. |
|===============================+======================+======================|
|   0  NVIDIA RTX A6000    WDDM | 00000000:01:00.0  On |                  Off |
| 31%   56C    P8      19W / 300W|  12476MiB / 49140MiB |     10%      Default |
|                               |                      |                  N/A |
+-------------------------------+----------------------+----------------------+

+-----------------------------------------------------------------------------+
| Processes:                                                                  |
|  GPU   GI   CI        PID   Type   Process name                  GPU Memory |
|        ID   ID                                                   Usage      |
|=============================================================================|
|    0   N/A  N/A     18440      C   E:\Python310\python.exe            N/A   |
|    0   N/A  N/A     24952      C   E:\Python310\python.exe            N/A   |
|    0   N/A  N/A     31808    C+G   ...crosoft\Edge\Application\msedge.exe N/A|
|    0   N/A  N/A     37804    C+G   D:\Microsoft VS Code\Code.exe      N/A   |
|    0   N/A  N/A     39676      C   E:\Python310\python.exe            N/A   |
|    0   N/A  N/A     45336      C   E:\Python310\python.exe            N/A   |
+-----------------------------------------------------------------------------+
```

图 1-6　查看 GPU 状态和驱动信息

cuDNN（CUDA Deep Neural Network Library）是英伟达提供的深度学习库，为深度神经网络提供 GPU 加速，它的安装步骤如下。

1）下载与 CUDA 版本兼容的 cuDNN 版本，这里选择与 CUDA 12.1 兼容的 8.9 版本。

2）解压并复制 cuDNN 库文件（如图 1-7 所示），将 bin、lib 和 include 文件夹中的内容复制到 CUDA 的对应路径下（一般位于 C:\Program Files\NVIDIA GPU Computing Toolkit\CUDA\v12.1）。

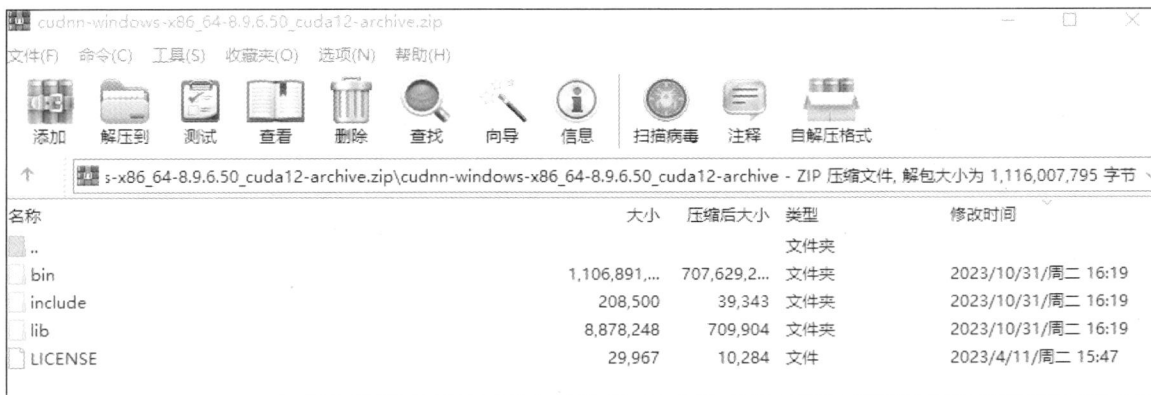

图 1-7　解压并复制 cuDNN

PyTorch 是一个开源的机器学习库，广泛用于计算机视觉和自然语言处理等领域。它以动态计算图（Dynamic Computation Graphs）而闻名，允许开发者以更直观和灵活的方式构建和修改神经网络。PyTorch 提供了丰富的 API，支持快速的原型开发和复杂的神经网络设计。

在安装 PyTorch 之前，需要根据系统配置（操作系统、Python 版本、CUDA 版本）选择合适的 PyTorch 版本。可以访问 PyTorch 官方网站的安装指南页面，并使用官方提供的安装配置选择器工具来确定适合系统的 PyTorch 版本。

pip 是一个 Python 包管理工具，用于安装、管理 Python 库。以下是使用 pip 安装 PyTorch 的步骤。

1）查看已安装的 Python 包。使用 pip list 命令可以查看当前已安装的所有 Python 包，从而判断是否已经存在 PyTorch。

2）安装 PyTorch。使用命令 pip install 来安装 PyTorch。由于 PyTorch 安装包较大，建议先从官网下载对应的.whl 文件，再通过国内的镜像源进行安装。以清华源为例，安装命令如下。

```
pip install XXX -i https://pypi.tuna.tsinghua.edu.cn/simple
```

3）验证安装。安装完成后，可以通过运行以下 Python 代码来验证 PyTorch 是否正确安装。如果安装成功，则会输出 2.3.0+cu121 相关信息，即 PyTorch 的版本号。

```
import torch
print(torch.__version__)
```

注意　由于 PyTorch 的版本较多，须确保 Python 版本、CUDA 版本以及操作系统平台保持兼容。这里选择 torch-2.3.0+cu121-cp310-cp310-win_amd64.whl。另外，建议一并安装以下两个 PyTorch 扩展库：torchvision 和 torchaudio。其中，torchvision 是 PyTorch 的计算机视觉库，提供了处理图像和视频的实用工具和预训练模型；torchaudio 是 PyTorch 的音频处理库，用于处理音频数据。这两个库也应与 PyTorch 版本相匹配，这里选择 torchaudio-2.3.0+cu121-cp310-cp310-win_amd64.whl 和 torchvision-0.18.0+cu121-cp310-cp310- win_amd64.whl。

1.2.2　卷积神经网络与循环神经网络

卷积神经网络（Convolutional Neural Network，CNN）是一种深度学习模型，特别适用于处理具有网格结构的数据，如图像（二维网格）和视频（三维空间数据）。CNN 由多层卷积层和池化层堆叠而成，能够自动学习数据中的局部特征并逐层构建更为复杂和抽象的特征表示。

CNN 的核心是卷积层，其作用是通过卷积核（或称滤波器）在输入数据上滑动，计算局部区域的点积，输出特征图（Feature Map）。这些卷积核能够提取图像中的边缘、纹理等特征。卷积操作具有参数共享和空间平移不变性的特点，这使得网络对输入数据的位移具有一定的鲁棒性，并且减少了全连接层的参数数量。池化层通常紧跟卷积层，用于降低特征图的空间尺寸，从而减少参数数量和计算量，同时增强特征检测的稳健性。最常见的池化操作是最大池化（Max Pooling），它将输入的特征图划分为不重叠的矩形区域，并输出每个区域的最大值。CNN 被广泛应用于图像分类、目标检测、图像分割、视频分析等领域，在大规模数据集上表现出优异的性能。

循环神经网络（Recurrent Neural Network，RNN）是一种适合于处理序列数据的神经网络。RNN 能够处理任意长度的序列，并且能够在不同的时间步之间传递信息。RNN 的核心是循环结构，它允许网络的隐藏状态在时间维度上展开，使当前状态不仅依赖当前输入，还能保留历史信息，从而捕获序列中的动态特征。然而，标准的 RNN 在处理长序列时容易出现梯度消失或梯度爆炸的问题，导致对长期依赖建模的效果不佳。为了解决这些问题，研究者提出了多种改进结构，其中最具代表性的是长短期记忆网络（LSTM）和门控循环单元（Gated Recurrent Unit，GRU）。LSTM 通过引入三个门（输入门、遗忘门、输出门）来控制信息的流动，而 GRU 在结构上对 LSTM 进行了简化，融合了部分门控机制，将更新门与重置门作为主要调控手段，在降低模型复杂度的同时保留了对序列信息的建模能力。RNN 及其变体广泛应用于自然语言处理、语音识别、时间序列分析、音乐生成等领域，能够处理文本、音频和各类时间序列数据，捕捉其中的序列结构和上下文信息。例如，在机器翻译中，RNN 能够根据上下文生成翻译结果；在股市预测中，RNN 能够根据历史数据预测未来的股价走势。

通过上述介绍可以看出，CNN 和 RNN 是深度学习中处理不同类型数据的两种关键模型。CNN 通过卷积和池化操作有效捕捉输入中的空间特征，适用于图像和视频等网格结构的数据；RNN 则通过其循环结构建模时序依赖，擅长处理文本、语音、时间序列等具有较强时序特性的数据。两者分别针对空间与时间维度的建模需求，广泛应用于各类实际任务，构成了解决复杂问题的重要技术基础。

1.2.3 一个典型的手写数字识别 CNN

MNIST 数据集是计算机视觉和机器学习领域中非常著名的手写数字识别数据集，总计有70000 张 28×28 像素的灰度图像，其中包括 60000 个训练样本和 10000 个测试样本，覆盖从 0 到 9 这 10 个数字类别。这些图像的像素值通常被标准化到[0,1]区间，以便于模型处理和加快训练收敛速度。每个图像样本都有一个对应的标签，即图像对应的数字，用于监督学习中的分类任务。MNIST 数据结构简单，预处理标准统一，是初学者学习图像识别和深度学习的理想选择。它经常被用来训练和测试各种图像识别算法，包括传统的机器学习方法和现代的深度学习模型。MNIST 的广泛使用还得益于主流深度学习框架（如 PyTorch、TensorFlow）提供的便捷数据加载接口，它使数据的获取与处理变得高效、规范。此外，MNIST 上的模型性能常被用作衡量算法性能的基准指标之一。尽管随着深度学习技术的发展，在 MNIST 数据集上算法所能达到的准确率已经相当高，许多研究者因而开始将研究重点转向更复杂的数据集，以期推动算法的进一步发展，但 MNIST 仍具有重要的教学与实验价值。它不仅帮助学习者掌握图像识别的基本概念，也为构建更复杂的计算机视觉系统打下了基础，被誉为计算机视觉领域的经典数据集。

手写数字识别是深度学习入门的经典任务，通常使用 MNIST 数据集来训练模型。下面将根据关键代码详细分析其流程和实现原理。

（1）导入必要的库

代码开始部分要导入 PyTorch 及其相关模块，这些模块提供了构建神经网络所需的工具和函数。

```
import torch
import torch.nn as nn
import torch.utils.data as Data
import torchvision
```

（2）设置参数与加载数据集

接着设置训练的轮数（EPOCH）、批量大小（BATCH_SIZE）、学习率（LR）以及是否下载 MNIST 数据集（DOWNLOAD_MNIST）。数据通过 torchvision.datasets. MNIST 加载，并使用 transforms.ToTensor 将图像数据转换为 torch.FloatTensor 类型，方便后续处理。

```
train_data = torchvision.datasets.MNIST(root=./mnist/, train=True, ... )
train_loader = Data.DataLoader(dataset=train_data, ... )
test_data = torchvision.datasets.MNIST(root=./mnist/, train=False)
```

（3）定义 CNN 模型结构

自定义的 CNN 类继承自 nn.Module，包含两个卷积层，每个卷积层后接一个 ReLU 激活函数和一个最大池化层。第一个卷积层将输入的单通道图像转换为 16 个特征图，第二个卷积层进一步提取出 32 个更高层次的特征图。最后，通过一个全连接层将特征图展平后映射到 10 个输出类别。

```
class CNN(nn.Module):
    def __init__(self):
        super(CNN, self).__init__()
        self.conv1 = nn.Sequential(
```

```
        nn.Conv2d(1, 16, 5, ...),
        nn.ReLU(),
        nn.MaxPool2d(2),
    )
    ...
    self.out = nn.Linear(32 * 7 * 7, 10)
```

（4）迁移模型和数据到 GPU

为了加快训练过程，将模型和数据迁移到 GPU 上。

```
cnn.cuda()
test_x = ... .cuda()
test_y = ... .cuda()
```

（5）定义优化器和损失函数

代码中使用了 Adam 优化器，它是一种基于自适应估计的梯度下降方法，适用于大多数深度学习任务。损失函数使用了交叉熵损失，这是多分类问题的标准损失函数。

```
optimizer = torch.optim.Adam(cnn.parameters(), lr=LR)
loss_func = nn.CrossEntropyLoss()
```

（6）训练过程

在每个训练周期中，都会遍历数据加载器 train_loader 中的数据。数据被迁移到 GPU 上后，进行网络前向传播计算，得到预测结果后计算损失，并执行反向传播算法，最后更新模型参数。

```
for epoch in range(EPOCH):
    for step, (x, y) in enumerate(train_loader):
        b_x = x.cuda()
        b_y = y.cuda()
        output = cnn(b_x)
        loss = loss_func(output, b_y)
        optimizer.zero_grad()
        loss.backward()
        optimizer.step()
```

（7）测试和评估

在每个训练周期结束后，代码会在测试集上评估模型的性能。通过比较预测的类别和实际的标签，计算测试集上的准确率。

```
test_output = cnn(test_x)
pred_y = torch.max(test_output, 1)[1].cuda().data
```

```
accuracy = torch.sum(pred_y == test_y).type(torch.FloatTensor) / test_y.size(0)
```

（8）保存和加载模型

最后，模型被保存到磁盘上，然后重新加载，以验证模型的保存和加载功能。

```
torch.save(cnn.state_dict(), net.pth)
model = torch.load(net.pth)
```

通过上述分析可以看出，相关代码实现了一个典型的手写数字识别 CNN 模型，涵盖了数据预处理、模型定义、训练、评估和模型持久化的完整流程。上述代码使用 GPU 加速了训练过程，提高了计算效率。此外，通过使用 PyTorch 提供的高级 API（如 DataLoader 和 nn.Module），显著提升了代码的简洁和可读性。下面将进一步讲解 CNN 网络的结构与工作机制。

（1）详细分析模型结构

在 CNN 类的 __init__ 方法中，首先定义了两个卷积层。这两个卷积层均包含 Conv2d、ReLU 和 MaxPool2d。其中，Conv2d 是二维卷积层，用于在图像上应用卷积操作；ReLU 激活函数引入非线性特性，而 MaxPool2d 则负责降低特征图的空间维度，同时增加对图像位移的鲁棒性。

```
self.conv1 = nn.Sequential(
    nn.Conv2d(in_channels=1, out_channels=16, kernel_size=5, stride=1, padding=2),
    nn.ReLU(),
    nn.MaxPool2d(kernel_size=2),
)
```

在第一个卷积层中，in_channels=1 表示输入图像是单通道的，out_channels=16 表示输出特征图的数量为 16。kernel_size=5 定义了卷积核的大小，stride=1 和 padding=2 则分别定义了步长和填充方式，以保持特征图的空间尺寸。

（2）特征图尺寸变化分析

经过卷积层处理之后，特征图的空间维度发生了变化。以第一个卷积层为例，输入图像的尺寸为 28×28，经过卷积和最大池化处理后，特征图的尺寸变为 14×14，且通道数增加至 16。

（3）全连接层和输出映射

经过两个卷积层处理之后，特征图通过 view 函数展平为一维向量，并送入全连接层 self.out。这个全连接层将展平的特征向量映射到 10 个输出类别，对应数字 0 到 9。

```
self.out = nn.Linear(32 * 7 * 7, 10)
```

这里的 32 * 7 * 7 是第二个卷积层输出的特征图展平后的维度。由于第二个卷积层输出 32 个 7×7 的特征图，因此展平后的向量长度是 1568。

（4）训练过程详解

在训练循环中，数据加载器 train_loader 负责按批量加载数据。每个批次的数据都会通过 cuda 方法迁移到 GPU 上，以加速计算。随后，通过网络的 forward 方法进行前向传播，得到预测结果。接着，使用交叉熵损失函数计算预测结果和真实标签之间的差异，即损失值。损失计算完以后，通过调用优化器的 zero_grad 方法清除之前的梯度缓存，然后调用 backward 方法进行反向传播，计算损失相对于模型参数的梯度。最后，调用 step 方法更新模型的参数。

（5）测试和评估过程

在每个训练周期结束后，模型会在测试集上进行性能评估。测试集的数据同样会被迁移到 GPU 上，之后通过网络的 forward 方法得到预测结果。使用 torch.max 函数从预测结果中获取样本预测概率最高的类别作为最终预测值。预测准确率是通过比较预测结果和测试集的真实标签得出的，该准确率反映了模型在未见数据上的泛化能力，是评估分类模型性能的常用指标。

（6）模型保存和加载

训练完成后，可以使用 torch.save 函数保存模型的参数。具体来说，保存的是模型的状态字典 state_dict，其中包含了模型的所有可学习参数，也可以选择同时保存优化器的状态。

```
torch.save(cnn.state_dict(), net.pth)
```

保存的模型可以通过 torch.load 方法加载回来，以用于进一步的训练或进行预测。

```
model = torch.load(net.pth)
```

通过上述方式，模型的保存和加载变得非常灵活，可以在不同的环境和会话中轻松地使用训练好的模型。

上面介绍的流程是深度学习项目的标准实践流程，展示了如何使用 PyTorch 框架构建和训练一个卷积神经网络模型。通过 GPU 加速，模型训练过程更加高效，而代码的模块化设计也使得模型的修改和扩展变得更加容易。上述代码不仅实现了手写数字识别的功能，还展示了深度学习工作流程的典型步骤，为进一步的学习和研究提供了坚实的基础。

1.3　注意力机制的学习训练

本节将以卷积神经网络、循环神经网络以及 Transformer 网络这三种常见的网络结构为例，详细介绍注意力机制的基本原理和典型应用。

1.3.1　卷积神经网络中的注意力机制

注意力机制是一种在深度学习模型中强化对输入特征中关键信息感知能力的技术。在卷积神经网络中引入这种机制，可以使模型更加关注图像中对任务有判别意义的区域，从而提高分类、目标检测等任务的性能。在卷积神经网络中，注意力机制主要包括两种建模方式：通道注意力和空间注意力。它们分别关注特征的通道重要性与空间位置分布。

通道注意力通过为不同通道分配重要性权重，引导网络重点关注对当前任务更具判别力的通道特征。这种机制通常通过全局平均池化操作提取通道级别的全局特征，再通过两个全连接层建模通道之间的依赖关系，最后利用 Sigmoid 函数输出归一化的通道权重，调节各通道特征的激活程度。下面以代码清单 1-1 为例进行说明。

代码清单 1-1　通道注意力机制

```
class SEblock(nn.Module):
    def __init__(self, num_in):
        super(SEblock, self).__init__()
        self.num_in = num_in
        self.squeeze = nn.AdaptiveAvgPool2d(1)          # 自适应全局平均池化
        self.w1 = nn.Sequential(
            nn.Linear(num_in, num_in // 16),            # 压缩通道维度
            nn.ReLU(inplace=True)
        )
        self.w2 = nn.Sequential(
            nn.Linear(num_in // 16, num_in),            # 恢复通道维度
            nn.Sigmoid()                                # 输出每个通道的权重系数
        )

    def forward(self, x):
        v = self.squeeze(x).view(x.size(0), -1)         # 全局平均池化+展平
        v = self.w2(self.w1(v))                         # 压缩-激活-恢复通道权重
        v = v.view(x.size(0), self.num_in, 1, 1)        # 重塑形状以进行逐通道缩放
        return x * v                                    # 加权输出
```

在代码清单 1-1 中，使用 SEblock 类实现了华为诺亚方舟实验室研发的"压缩与激励网络"（Squeeze-and-Excitation Networks，SENet）中的通道注意力机制，其实现步骤如下。

1）使用 AdaptiveAvgPool2d(1)对输入特征图进行全局平均池化操作，输出尺寸为 $1\times1\times C$，有助于提取通道级别的全局特征。

2）池化结果被展平为[batch_size, channels]，并通过两个全连接层完成通道压缩，之后恢复维度，并引入 ReLU 激活函数。

3）使用 Sigmoid 函数将每个通道的权重映射到（0, 1）区间。

4）将生成的权重张量重塑为[batch_size, channels, 1, 1]，并与原始特征图逐通道相乘，实现加权融合，强化重要特征，抑制冗余通道。

空间注意力机制关注于图像的局部区域信息，它通常先通过对通道维度进行平均或最大池化处理来压缩特征，再使用卷积操作建模空间上下文生成空间注意力图，最后通过 Sigmoid 函数激活。如代码清单 1-2 所示，SpatialAttention 类展示了这一机制的基本实现。

代码清单 1-2　空间注意力机制

```
class SpatialAttention(nn.Module):
    def __init__(self, num_in):
        super(SpatialAttention, self).__init__()
        self.conv = nn.Conv2d(
            in_channels=1,
            out_channels=1,
            kernel_size=7,
            stride=1,
            padding=3
        )
        self.activation = nn.Sigmoid()                # 用 Sigmoid 而非 Softmax

    def forward(self, x):
        v = torch.mean(x, dim=1, keepdim=True)        # [B, 1, H, W]
        v = self.conv(v)                              # 卷积提取空间权重
        v = self.activation(v)                        # 得到空间注意力图
        return x * v                                  # 加权增强
```

在上述代码中，输入特征图先沿通道维度求平均，再通过一个卷积层提取空间注意力图，最后使用 Sigmoid 激活生成空间掩码，实现对原始特征图的加权增强。这使得模型能够自动聚焦于图像中的关键区域，如面部识别中的眼睛和嘴巴。

如代码清单 1-3 所示，CNN_Model 类将卷积层与注意力机制进行结合，构建了一个具备特征增强能力的 CNN 模型。

首先，输入数据通过卷积层提取低层次特征，然后通过 ReLU 激活函数引入非线性特性。接着，应用代码清单 1-1 中 SEblock 类实现的通道注意力和代码清单 1-2 中 SpatialAttention 类实现的空间注意力，进一步强化特征图中的关键信息。最后，将注意力增强后的特征图展平，以便送入全连接层进行最终分类或为其他处理做准备。

通过上述分析可以了解如何在卷积神经网络中引入注意力机制，提升模型对特征的选择性与判别能力。注意力机制不仅提高了模型的有效表达能力，还增强了模型的可解释性，便于更好地理解模型的决策过程。

代码清单 1-3　具有注意力机制的 CNN 模型

```
class CNN_Model(nn.Module):
    def __init__(self, outc, kernelsize):
        super(CNN_Model, self).__init__()
        self.cnn1 = nn.Conv2d(
            in_channels=1,
            out_channels=outc,
            kernel_size=kernelsize,
            stride=1,
            padding=0
        )
        self.relu1 = nn.ReLU()
        self.se = SEblock(outc)                    # 通道注意力模块
        self.sb = SpatialAttention(outc)           # 空间注意力模块

    def forward(self, x):
        out = self.cnn1(x)
        out = self.relu1(out)
        out = self.se(out)                         # 应用通道注意力
        out = self.sb(out)                         # 应用空间注意力
        out = out.view(out.size(0), -1)            # 展平特征图
        return out
```

1.3.2　循环神经网络中的注意力机制

在序列建模任务中，注意力机制允许模型在处理序列数据时动态地聚焦于序列中的特定部分。这种机制特别适用于机器翻译、文本摘要等任务，其中模型需要捕捉输入序列中与当前输出最相关的信息。注意力机制的核心思想是通过一个可学习的权重分布，来对序列的不同部分赋予不同的重要性，从而引导模型更有效地提取有用的特征。

代码清单 1-4 定义了一个基于注意力机制的序列分类模型，其整体结构包括编码器（Encoder）、注意力机制（Attention）和分类器（Classifier）。

代码清单 1-4　基于注意力机制的序列分类模型

```
class Encoder(nn.Module):
```

```
    def __init__(self, embedding_dim, hidden_dim, nlayers=1, dropout=0.,
                 bidirectional=True, rnn_type=GRU):
        ...
    self.rnn = rnn_cell(embedding_dim, hidden_dim, nlayers,
                        dropout=dropout, bidirectional=bidirectional)
class Attention(nn.Module):
    def __init__(self, query_dim, key_dim, value_dim):
        ...
    def forward(self, query, keys, values):
        ...
        energy = torch.bmm(query, keys) # 计算注意力能量
        energy = F.softmax(energy.mul_(self.scale), dim=2) # 归一化注意力能量
        ...
        linear_combination = torch.bmm(energy, values) # 计算加权的值
        return energy, linear_combination


class Classifier(nn.Module):
    def __init__(self, embedding, encoder, attention, hidden_dim, num_classes):
        ...
        self.decoder = nn.Linear(hidden_dim, num_classes)
        ...
    def forward(self, input):
        ...
        energy, linear_combination = self.attention(hidden, outputs, outputs)
        logits = self.decoder(linear_combination)
        return logits, energy
```

Encoder 类是一个通用的循环神经网络编码器，可以基于 LSTM 或 GRU 实现。它接收嵌入后的输入序列和初始隐藏状态，输出所有时间步的隐藏状态序列以及最终的隐藏状态。它包含如下参数。

- embedding_dim：输入序列的嵌入维度。
- hidden_dim：RNN 的隐藏状态维度。
- nlayers：RNN 的循环层数。
- dropout：控制层间丢弃率。
- bidirectional：是否使用双向 RNN。
- rnn_type：指定使用哪种类型的 RNN 单元。

Attention 类实现了一个通用的注意力机制。它接收查询（query）、键（keys）和值（values），并计算注意力权重和加权的值。在上述代码中，query_dim、key_dim 和 value_dim 分别是查询、键和值的特征维度。注意力机制通过计算查询与所有键之间的相似度得分，然后应用 Softmax 函数进行归一化处理，进而得到注意力权重。这些权重用来加权值，输出上

下文向量。

Classifier 类集成了嵌入层、编码器、注意力机制和线性层，用于完成序列分类任务。在 forward 方法中，首先使用编码器处理输入序列，提取每个时间步的隐藏状态表示。随后，以编码器的最终隐藏状态作为查询，利用注意力机制在整个隐藏状态序列上分配权重，从而聚焦于输入序列中最相关的信息。最后，将加权后的上下文向量输入线性层进行变换，映射到类别空间，得到分类结果的 logits。

总的来说，代码清单 1-4 构建了一个基于注意力机制的序列分类模型。该模型首先通过编码器提取输入序列的时间步特征表示，接着利用注意力机制在整个序列上进行加权，动态聚焦于最具判别力的部分，最终将加权后的上下文向量输入线性层，实现对类别空间的映射与分类。这种结构不仅能够有效建模序列数据中的长距离依赖关系，还提升了分类任务的整体性能。同时，引入注意力机制也增强了模型的可解释性，使我们能够观察并分析模型在进行预测时所关注的序列位置，从而更深入地理解其决策过程。

1.3.3 Transformer 网络结构介绍

Transformer 是一种基于自注意力机制（Self-Attention）的神经网络架构，由阿希什·瓦斯瓦尼（Ashish Vaswani）等人在 2017 年的论文 "Attention Is All You Need" 中首次提出。它彻底改变了自然语言处理的主流方法，且在机器翻译任务中取得了卓越成效。与传统的循环神经网络不同，Transformer 利用注意力机制来建模序列内部的依赖关系，这使得模型能够并行处理整个序列，从而大幅提高训练效率。

Transformer 的核心结构包括以下内容。

- 输入嵌入（Input Embedding）：将输入序列中的每个元素（如单词或字符）转换为固定维度的向量表示。
- 位置编码（Positional Encoding）：为嵌入向量添加位置信息，使模型具备感知序列顺序的能力。
- 编码器（Encoder）：由多个相同结构的层堆叠而成（通常是 6 层），每层包含一个多头自注意力子层和一个前馈神经网络子层。
- 多头自注意力（Multi-Head Attention）：通过多个注意力头并行计算不同子空间的表示，使模型能够关注输入序列中多个相关位置。
- 前馈神经网络（Feed-Forward Neural Network）：作用于每个位置的表示，增强模型的非线性建模能力。
- 解码器（Decoder）：与编码器的结构类似，但添加了掩码多头自注意力子层，以防止解码器在生成当前位置时访问未来的信息。

- 输出层（Output Layer）：将解码器的输出转换为最终的预测结果，如下一个词的概率分布。

代码清单 1-5 定义了一个 Transformer 网络模型，包括其编码器和解码器的实现。编码器由多个层组成，每层都包含一个多头自注意力机制和一个前馈神经网络。

代码清单 1-5　Transformer 网络模型

```python
class Encoder(nn.Module):
    def __init__(self, d_model, n_head, max_len, ffn_hidden, enc_voc_size, drop_prob, n_layers,
    device):
        ...
        for i in range(n_layers):
            self.layer.append(nn.ModuleList([
                ... # Multi-Head Attention and Feed-Forward Neural Network
            ]))


class Decoder(nn.Module):
    def __init__(self, d_model, n_head, max_len, ffn_hidden, dec_voc_size, drop_prob, n_layers,
    device):
        ...
        for i in range(n_layers):
            self.layer.append(nn.ModuleList([
                ... # Masked Multi-Head Attention, Feed-Forward Neural Network
            ]))


def forward(self, src, trg):
    src_mask = self.make_src_mask(src)
    trg_mask = self.make_trg_mask(trg)
    enc_src = self.encoder(src, src_mask)
    output = self.decoder(trg, enc_src, trg_mask, src_mask)
    return output


def make_src_mask(self, src):
    src_mask = (src != self.src_pad_idx).unsqueeze(1).unsqueeze(2)
    return src_mask


def make_trg_mask(self, trg):
    trg_pad_mask = (trg != self.trg_pad_idx).unsqueeze(1).unsqueeze(3)
    trg_len = trg.shape[1]
    trg_sub_mask = torch.tril(torch.ones(trg_len, trg_len)).type(torch.ByteTensor).to(self.
    device)
    trg_mask = trg_pad_mask & trg_sub_mask
    return trg_mask
```

在上述代码中，d_model 表示模型的维度，n_head 是多头自注意力的头数，max_len 是序列的最大长度，ffn_hidden 是前馈网络的隐藏层维度，enc_voc_size 是编码器词汇表的大小。drop_prob 是 Dropout 层中神经元被随机丢弃的概率，用于防止模型过拟合，n_layers 是网络层数，device 是使用的设备。图 1-8 为 Transformer 网络模型结构。

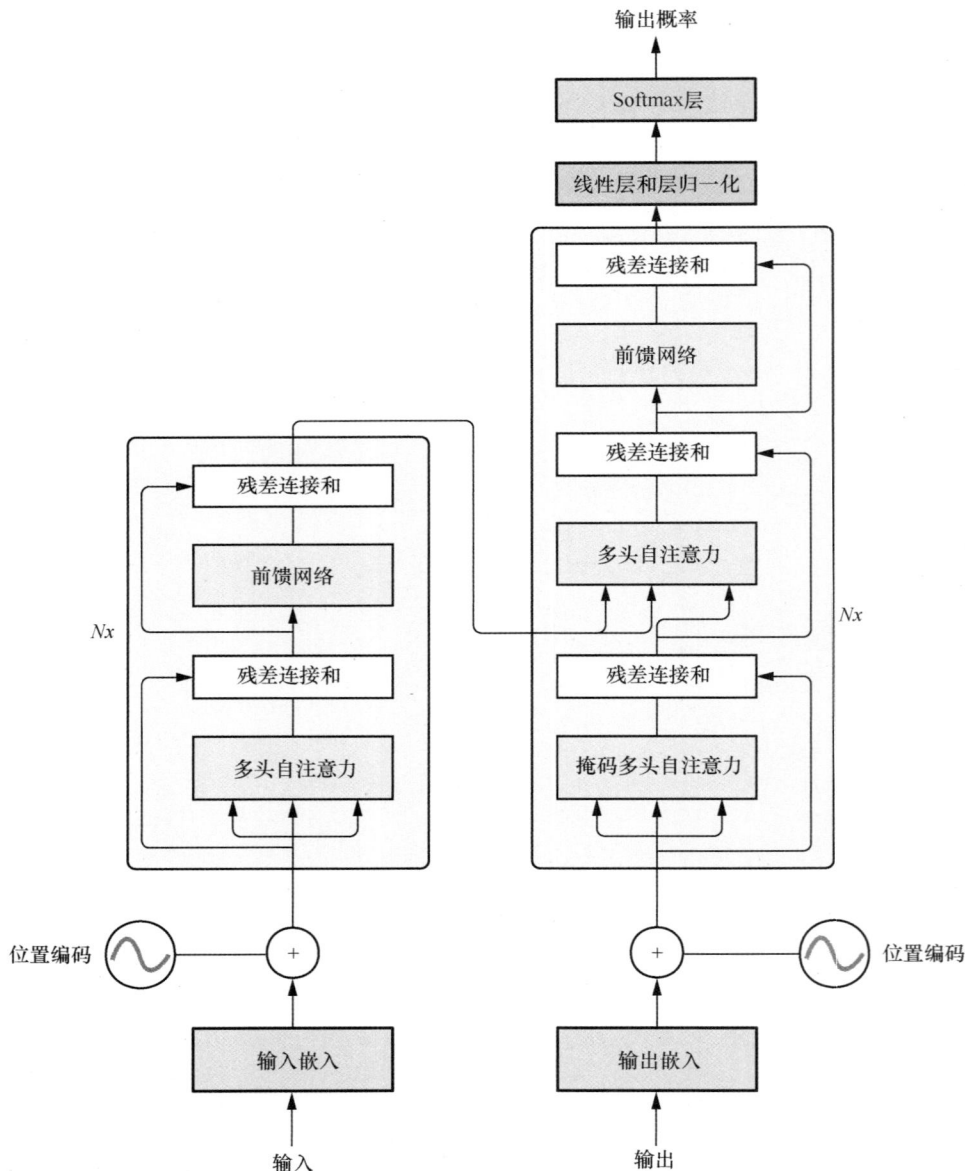

图 1-8　Transformer 网络模型结构

解码器的结构与编码器类似，但第一层使用的是掩码多头自注意力机制，以防止解码器在生成当前词时提前访问后续的目标词。在其前向传播过程中，首先为源序列和目标序列分别创建掩码，随后将源序列输入编码器，再将目标序列与编码器输出一同输入解码器，从而得到模型输出。

注意力掩码的作用是在自注意力机制中屏蔽掉不应被关注的位置，例如填充位置或未来信息。make_src_mask 函数用于为源序列生成 padding 掩码，make_trg_mask 函数则为目标序列生成包括 padding 和未来位置在内的组合掩码。

Transformer 模型通过其创新的自注意力机制为序列处理任务提供了一种高效且并行的解决方案。其结构简洁、功能强大，能够有效建模序列中的长距离依赖关系。同时，由于不依赖时间步的递归计算，Transformer 可实现全序列的并行处理，相比传统的循环神经网络具有更高的训练效率。代码清单 1-5 实现了 Transformer 模型的核心组件，包括编码器、解码器、多头自注意力机制和前馈神经网络，以及用于屏蔽无关信息的掩码机制。这些组件协同工作，使 Transformer 成为自然语言处理领域中流行的模型之一。

Transformer 架构自问世以来，由于具有独特的自注意力机制和并行化处理能力，它在大模型发展过程中扮演了至关重要的角色。传统的序列模型通常依赖串行处理，难以高效应对庞大的数据集和复杂的任务，而 Transformer 通过全局自注意力机制，打破了序列位置依赖的限制，使模型能够并行建模序列中所有位置之间的关系，大幅提升了训练和推理效率。

Transformer 具备良好的扩展性，其模型规模可以通过增加网络层数、注意力头数或隐藏维度灵活调整。这一特性使其在参数量扩张的同时，表现出更强的特征建模能力和泛化性能。大模型往往需要适应多任务、多语言等复杂场景，而 Transformer 的自注意力机制使其能够灵活关注输入序列中的关键信息，从而提升通用性与鲁棒性。

在预训练与微调的范式下，Transformer 模型（如 BERT、GPT）通过在大规模数据集上学习通用语言知识，并在特定任务上进行轻量级微调，实现了性能和资源效率的统一，显著降低了对标注数据的依赖。

此外，Transformer 还推动了多模态学习的发展。其通用结构使其能够适配图像、语音与文本等多种输入形式。例如，Vision Transformer（ViT）在图像分类任务中表现出了与卷积神经网络相当甚至更优的效果，展现出跨模态建模的潜力。

Transformer 的成功激发了研究领域与工业界对大模型的广泛探索。T5、ELECTRA 等一系列衍生模型不断刷新 NLP 各项任务的性能记录，持续推进模型规模、能力与应用场景的拓展。作为当前最具代表性的神经网络架构之一，Transformer 在并行化能力、可扩展性、预训练机制与跨模态建模等方面构建了大模型发展的核心基石，未来仍将是构建更强大、更智能模型体系的关键支撑。

注意　在应用层面，开发者通常无须修改 Transformer 模型的底层架构，因为现有的预训练模型已经能够满足大多数自然语言处理任务的需求。然而，对学术研究和算法工程而言，深入理解并改进 Transformer 模型具有重要意义。研究人员需要探索模型的不同变体和机制，以寻找性能和效率之间的最佳平衡；而工程师则需要根据特定应用场景对模型进行定制化设计，通过调优和优化使其更好地适应硬件限制或特定数据集的特性。这种对模型的深入研究和定制化改进是推动技术进步和解决特定问题的关键。

第 **2** 章 Transformer 显卡开发 环境与 NLP 任务

本章将深入介绍 Transformer 的世界，探索这一革命性模型如何为自然语言处理任务铺平道路。我们将从搭建基础的显卡开发环境入手，逐步展示 BERT 和 GPT 等模型在处理复杂语言任务中的优势。

2.1 Transformer 显卡开发环境搭建

在构建一个 Transformer 显卡开发环境时，需要一系列特定的库来支持模型的开发、训练和部署。以下是对所提供依赖库的介绍，包括它们在显卡开发环境中的作用和逻辑关系。

- Gradio：一个用于快速创建机器学习 Web 演示界面的库。它允许开发者通过简单的代码快速搭建用户友好的 Web 界面，使非技术用户也能轻松与模型交互。在 Transformer 模型应用中，Gradio 常用于展示模型预测结果，提高用户体验。
- transformers：由 Hugging Face 提供的一个非常流行的自然语言处理库，包含了大量的预训练模型如 BERT、GPT 等。这些模型可以用于多种自然语言处理任务，如文本分类、问答系统、文本生成等。在 Transformer 显卡开发环境中，transformers 库是核心组件，提供了模型架构、预训练参数加载和训练工具链。
- similarities：用于计算文本之间相似度的工具库，支持多种相似度指标，如余弦相似度、Jaccard 相似度等。它常用于评价生成文本与参考答案之间的接近程度，在文本生成任务的后评估环节尤为重要。
- sentencepiece：一种基于子词单元的分词工具，由谷歌公司开发，适用于无词典分词任务。它可以将文本切分为统计学意义上有效的子词单元（subword units），在多语言建模或低资源场景中对 Transformer 模型尤为重要。

- Markdown：轻量级标记语言工具，用于编写结构化文档，如说明书、技术文档、模型接口文档等。在开发环境中，常被用于展示模型信息或构建文档型交互界面。
- PyPDF2：Python 中用于读取、写入和修改 PDF 文件的库。若 Transformer 模型需要处理 PDF 文档中的自然语言数据，可使用该库进行文本抽取与预处理。
- python-docx：用于操作 Microsoft Word 的.docx 文件的库。在开发涉及 Word 文本处理的 NLP 应用（如合同分析、报告生成）时，可通过该库完成数据加载与写入操作。
- Pandas：常用的数据处理与分析库，支持高效的表格型数据结构（如 DataFrame）。在模型开发中，Pandas 可用于数据清洗、标签管理、特征提取等预处理任务。
- protobuf：Protocol Buffers（简称 Protobuf）是由谷歌提出的高效结构化数据序列化协议，支持多语言与跨平台传输。protobuf 库在复杂系统中常用于定义模型输入/输出的数据结构或模型部署过程中的数据通信。
- Loguru：功能强大的日志记录库，相较于标准库 logging，其语法更简洁且具可读性，适用于调试、异常追踪及系统状态监控等开发环节。

上述工具库覆盖了 Transformer 模型开发流程的多个阶段，从文本数据的加载与预处理，到模型的构建、训练、展示与日志监控，通过合理配置与集成这些工具，开发者能够更高效地实现从原型验证到实际部署的全流程开发目标。

在构建基于 Transformer 模型的显卡开发环境时，transformers 库无疑是核心组件。该库专为支持基于 Transformer 架构的主流模型（如 BERT、GPT、T5 等）而设计。这些模型在自然语言处理领域取得了革命性的进展，广泛应用于文本分类、问答系统、文本生成等多种语言任务。通过命令 pip3 install transformers 可以轻松安装此库。一旦安装完成，开发者即可利用丰富的预训练模型及其工具进行工作。

transformers 库的主要优势如下。

- 模型多样性：提供了多种基于 Transformer 架构的预训练模型，覆盖了广泛的自然语言处理任务。
- 易于使用：库的设计简洁直观，使得加载预训练模型、微调和进行预测变得非常简单。
- 社区支持：拥有庞大的开源社区与生态资源，开发者可从中获取丰富的教程、示例与技术支持。
- 持续更新：Hugging Face 团队频繁发布新版本，引入前沿模型与性能优化，确保库始终处于技术前沿。

然而，在实际开发中，Python 第三方库的版本兼容性常常是影响项目稳定性的重要因素。由于 transformers 库更新频繁，新版本可能会引入功能变更或依赖变动，若不加以控制，可能导致运行环境不兼容。因此，合理选择并锁定库版本至关重要。例如，选择稳定的版本（如 4.40.2）可降低意外出现兼容性问题的风险。

对于多库依赖与环境隔离问题，推荐使用 Anaconda 管理 Python 环境。Anaconda 是一个功能完善的包管理与环境管理工具，支持创建多个独立虚拟环境，每个环境可配置不同版本的 Python 与依赖库，从而有效避免版本冲突。使用 Anaconda，开发者可以便捷地管理依赖、复制环境、实现环境版本锁定，提升开发的可控性与可复现性。

此外，维护清晰的环境配置文件（如 requirements.txt 或 environment.yml），详细记录所有依赖库及其版本信息，有助于提升团队协作效率与项目的长期可维护性。建议在依赖变更时进行版本审查与回归测试，确保项目在获得新功能与修复的同时保持稳定运行。同时，记录环境配置与版本选择的依据，不仅有助于团队理解项目架构，也为未来维护和迁移打下基础。

通过上述策略，可以显著提升 Transformer 模型显卡开发环境的稳定性、可维护性与项目部署效率，降低因依赖冲突造成的问题风险。

2.2　BERT 系列模型执行 NLP 任务

BERT（Bidirectional Encoder Representations from Transformers）是一种基于 Transformer 编码器的预训练语言模型，通过学习文本的双向上下文信息，在多种自然语言处理任务中展现出卓越性能。

2.2.1　BERT 模型网络结构

如图 2-1 所示，BERT 模型的架构基于多层 Transformer 编码器实现，其关键组件如下。
- 输入层：BERT 模型的输入可以是单个句子或句子对。输入文本需要经过一系列预处理步骤，包括小写转换、去除标点符号、分词等。
- 嵌入层（Embeddings）：由三类嵌入向量组成，包括 Token Embeddings（词嵌入），表示分词后 Token 的语义信息；Segment Embeddings（段落嵌入），用于区分输入中句子对的所属关系，标识每个 Token 属于句子 A 还是句子 B；Position Embeddings（位置嵌入），为每个 Token 提供位置信息，弥补 Transformer 架构本身无法建模序列顺序的缺陷。这三类嵌入向量按元素逐项相加后，作为编码器的输入。
- BERT 模型的网络结构：由多个 Transformer 编码器层堆叠构成，每层均包含多头自注意力机制和前馈神经网络。自注意力机制使模型能够在处理序列时动态关注不同位置的 Token，从而捕捉长距离依赖关系；前馈神经网络则可对自注意力层的输出进行非线性变换，提取更高级的语义特征。每一层中还引入了残差连接和层归一化机制，以增强训练稳定性并缓解梯度消失或爆炸问题。

- 输出层：输出层的设计依据具体任务而有所不同。在预训练阶段，BERT 模型通过执行两项任务来学习通用语言表示。一是掩码语言模型（Masked Language Model，MLM），即随机遮盖输入中的部分 Token 并预测其原始词汇，以建模双向上下文；二是下一句预测（Next Sentence Prediction，NSP），用于判断两个句子是否在原文中相邻，从而增强模型对句间语义关系的理解。

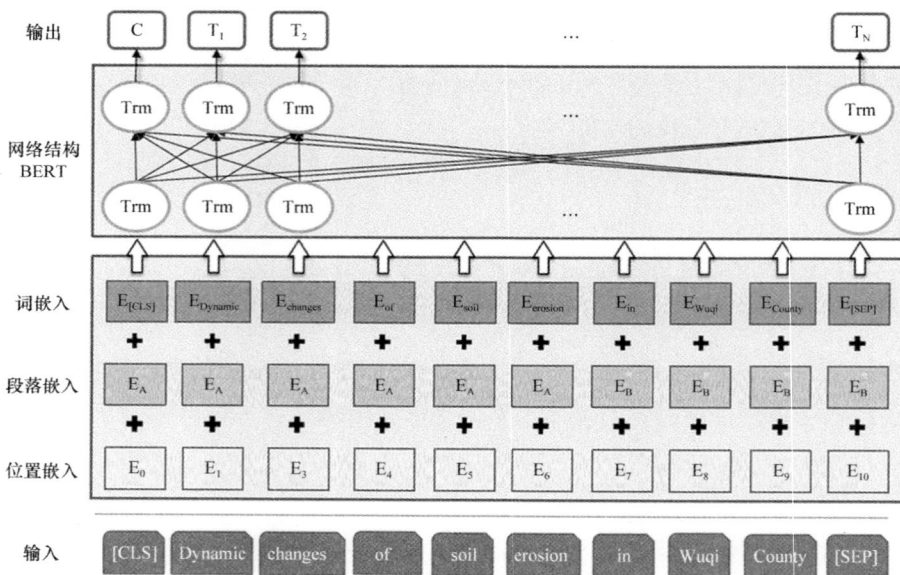

图 2-1　BERT 模型网络结构

BERT 模型在多种自然语言处理任务中都有广泛应用，以下是一些主要的应用场景。

- 问答系统：在问答系统中，通常在检索阶段和问答判断阶段应用 BERT 模型。在检索阶段，使用 BM25 等算法计算问句与候选段落的相关性；在问答判断阶段，使用微调后的 BERT 模型预测候选段落是否包含正确答案，并确定答案的精确位置。

- 聊天机器人：在单轮对话中，BERT 模型可执行用户意图分类与槽位填充任务；在多轮对话中，模型可整合上下文信息，提升对话连续性与响应准确性。通过微调，BERT 能识别用户意图并抽取关键信息。

- 文本分类：BERT 模型可以用于情感分析、主题分类等文本分类任务。通过在特定数据集上进行微调，BERT 模型能够识别文本的情感倾向并判断其所属的主题类别。

- 命名实体识别（Named Entity Recognition，NER）：在序列标注任务中，BERT 模型可以识别文本中的命名实体，如人名、地点、组织等。通过逐个 Token 的分类决策，BERT 模型能够标注文本中的实体类型。
- 机器翻译：虽然 BERT 模型最初并非针对机器翻译任务而设计，但它凭借强大的上下文理解能力在机器翻译任务领域同样展现出了出色的性能。通过微调，BERT 模型能够捕捉源语言和目标语言之间的深层映射关系。

BERT 模型的成功在于其能够捕捉文本的深层语义和上下文信息，这使得它在各种自然语言处理任务中都具有很高的灵活性和有效性。随着研究的深入，BERT 模型及其变体（如 RoBERTa、ALBERT 等）在自然语言处理领域的应用将更加广泛。

2.2.2　BERT 变体模型

自 2018 年推出以来，BERT 模型已经成为自然语言处理领域的重要基石。为了提升性能、降低计算开销或适应特定任务需求，研究人员基于 BERT 模型提出了多个变体模型。以下是其中几种具有代表性的模型。

1. RoBERTa 模型

稳健优化的 BERT 预训练方法（Robustly Optimized BERT Pretraining Approach，RoBERTa）模型是由 Facebook AI 于 2019 年提出的一种 BERT 模型变体，其核心目标是通过改进预训练阶段的训练策略来进一步提升模型性能。其主要特征包括以下几点。

- 训练数据集：RoBERTa 模型使用了比 BERT 模型更大的训练语料，包括 Common Crawl 数据、Wikipedia 和 BookCorpus 等。
- 训练策略：RoBERTa 模型移除了 BERT 模型中的下一句预测任务，专注于掩码语言模型，并且采用了动态掩码策略，即在每次迭代中随机选择不同比例的 Token 进行掩盖。
- 性能：由于使用了更大的数据集和优化的训练策略，RoBERTa 模型在多个自然语言处理任务上超越了 BERT 模型，展现出更好的性能。

2. ALBERT

ALBERT（A Lite BERT）是谷歌于 2019 年提出的轻量化 BERT 模型变体，目的在于保留 BERT 模型表达能力的同时，降低模型复杂度并提升参数利用效率。为实现这一目标，ALBERT 模型引入了两项关键结构改进：一是参数共享机制，即在各个 Transformer 层之间共享前馈神经网络和自注意力模块的参数，从而显著减少模型整体参数量；二是嵌入矩阵分解，通过将原始的大型嵌入矩阵分解为两个较小矩阵的乘积，进一步压缩嵌入层的存储和计算开销。

得益于这两项设计，ALBERT 模型在保持紧凑模型结构的同时，依然能够在 GLUE、SQuAD 等主流自然语言理解任务中达到甚至超越 BERT 模型的性能表现，展现了优秀的参数效率与泛化能力。

3．DistilBERT

DistilBERT 是由 Hugging Face 和 Clever Cloud 于 2019 年联合提出的一种轻量化 BERT 模型，采用了知识蒸馏（Knowledge Distillation）方法，在尽可能保留 BERT 性能表现的前提下，显著减少了模型的参数数量，降低了计算开销。其主要特点如下。

- 知识蒸馏：DistilBERT 模型的训练采用了知识蒸馏技术，即训练一个小型的学生模型来模仿一个大型的教师模型的输出行为，从而学习其语义建模能力。
- 自注意力机制的改进：该模型简化了 BERT 模型的网络结构，例如将 Transformer 层数减半，并去除了预训练阶段的下一句预测任务。部分版本还限制了自注意力的感受野，从而减少计算开销。
- 性能：尽管模型体积更小、计算量更低，DistilBERT 模型仍在多项自然语言处理任务中展现出接近原始 BERT 模型的性能，是低资源设备部署的重要选择之一。

4．Electra

高效学习替换词解码器（Efficiently Learning an Embedding for Text Representation by Attention，Electra）是由谷歌于 2020 年提出的一种高效预训练模型，其核心创新在于引入了判别式的预训练目标，提升了训练效率。其主要特点如下。

- 预训练任务创新：ELECTRA 模型不再使用传统的掩码语言模型，而是通过一个小型生成器对输入中的 Token 进行替换，再训练判别器判断每个 Token 是否被替换，从而实现更高效的训练过程。
- 双模型协同训练：整个预训练过程依赖一个小型的生成模型和一个主判别模型（类似于 BERT 模型架构）协同工作，构成类生成对抗网络的机制，以增强表示学习效果。
- 优越的性能表现：ELECTRA 模型在多个自然语言处理任务中表现出优异的准确率和收敛速度，其训练效率高于 BERT 和 RoBERTa 模型，特别适合用于训练预算受限的场景。

这些 BERT 变体模型通过结构压缩、训练机制创新以及模型架构调整等方式进一步扩展了 BERT 模型的应用范围。它们分别在轻量化部署、高效训练和任务适应性方面展现出独特优势。

随着自然语言处理研究的不断深入，未来还将出现更多针对特定应用场景优化的 BERT 变体模型，持续推动语言理解技术的发展。

2.2.3　BERT 模型处理自然语言处理任务

自然语言处理是人工智能领域中的一个重要分支，旨在使计算机具备理解、分析和生成人类语言的能力。自然语言处理任务类型广泛，涵盖语言理解与生成、机器翻译、信息抽取、情感分析、文本分类、问答系统、文本摘要以及对话系统等。这些任务的核心目标在于促进人机之间更加自然、高效的交互。

BERT 作为一种革命性的预训练语言表示模型，对自然语言处理任务的处理产生了深远影响。它基于 Transformer 编码器结构，通过深度双向建模，捕捉文本的丰富语义和上下文信息，显著提升了文本分类、命名实体识别、问答系统、机器翻译、摘要生成等任务的性能。

BERT 模型的广泛应用不仅展示了其在处理自然语言处理任务时的灵活性和有效性，而且通过其强大的预训练语言表示，为各种下游任务奠定了坚实的基础。随着自然语言处理技术的持续发展，BERT 及其变种模型预计将在未来继续推动自然语言理解技术的进步。

代码清单 2-1 展示了基于 BART 模型（使用 Hugging Face transformers 库中的 BartForConditional-Generation 和 BertTokenizer）生成中文文本的过程。

代码清单 2-1　基于 BART 模型生成中文文本

```
from transformers import BertTokenizer, BartForConditionalGeneration, Text2TextGenerationPipeline

# 加载预训练的分词器
tokenizer = BertTokenizer.from_pretrained("bart-base-chinese")

# 加载预训练的BART模型, 用于生成中文文本
model = BartForConditionalGeneration.from_pretrained("bart-base-chinese")

# 创建文本生成管道, 整合模型和分词器
text2text_generator = Text2TextGenerationPipeline(model, tokenizer)

# 使用管道生成文本, 填充MASK占位符
generated_text = text2text_generator(
    "北京是[MASK]的首都",
    max_length=50,  # 设置生成文本的最大长度
```

```
        do_sample=False  # 确定性输出，不进行随机采样
)

# 打印生成的文本
print(generated_text)
```

在这段代码中，首先导入必要的库和类。然后使用 from_pretrained 方法加载了专为生成中文文本而设计的预训练分词器和模型，如 bart-base-chinese。接着创建了一个 Text2TextGenerationPipeline 对象，这个对象将模型和分词器封装在一个管道中，简化了文本生成流程。最后调用 text2text_generator 方法，传入一个包含[MASK]占位符的文本，请求模型生成填充占位符的文本。通过设置 max_length=50，限制了生成文本的最大长度，而 do_sample=False 确保了输出是确定的，适合需要一致性结果的场景。执行这段代码会得到类似"北京是中国的首都"这样的输出。

注意　BART 和 BERT 都是基于 Transformer 架构的预训练语言模型，它们的主要区别在于设计目的和应用场景。BERT 模型专注于理解语言，是广泛用于各种自然语言处理任务的基础模型，而 BART 则是序列到序列（Seq2Seq）模型，专为文本摘要、翻译等生成任务而设计。简而言之，BERT 模型更擅长理解，BART 模型更擅长生成。

代码清单 2-2 展示了如何基于 BERT（使用 Hugging Face 的 transformers 库，并结合 AutoTokenizer 和 AutoModelForTokenClassification 类）快速完成中文命名实体识别（Named Entity Recognition，NER）任务。

代码清单 2-2　基于 BERT 模型完成中文命名实体识别任务

```
from transformers import AutoTokenizer, AutoModelForTokenClassification, pipeline

# 从预训练模型中自动加载分词器
tokenizer = AutoTokenizer.from_pretrained("bert-base-NER-chinese")

# 从预训练模型中自动加载用于识别命名实体的BERT模型
model = AutoModelForTokenClassification.from_pretrained("bert-base-NER-chinese")

# 创建命名实体识别的pipeline
nlp = pipeline("ner", model=model, tokenizer=tokenizer)

# 示例文本
example = "我叫王力而且我家住在北京"
```

```
# 使用pipeline进行命名实体识别
ner_results = nlp(example)

# 打印命名实体识别结果
print(ner_results)
```

上述代码首先从 transformers 库中导入了必要的类和函数。随后，使用 AutoTokenizer 和 AutoModelForTokenClassification 类自动加载了针对中文 NER 任务预训练的分词器和模型。from_pretrained 方法确保了加载的是针对特定任务优化的模型权重和配置。接着，使用 pipeline 函数创建了一个专门用于 NER 的处理流程。这个 pipeline 函数封装了模型和分词器的调用逻辑，为开发者提供了高层次、易用的接口，可以直接对输入文本执行实体识别操作。输入的示例语句"我叫王力而且我家住在北京"被送入该 pipeline 函数中，最后，模型尝试识别其中的人名、地名等命名实体。模型可能返回如下结果。

```
[
    {"entity": "PER", "score": 0.98, "index": 3, "word": "王力"},
    {"entity": "LOC", "score": 0.95, "index": 9, "word": "北京"}
]
```

该结果展示了每个识别出的实体信息，包括实体类别（如 PER 表示人名、LOC 表示地点）、置信度评分（score）、Token 索引（index）以及原始文本片段（word）。

代码清单 2-2 充分体现了 Hugging Face 提供的高层 API 在实际的自然语言处理应用中的便捷性。借助预训练模型与 pipeline 函数，开发者可以在几行代码内完成命名实体识别模型的部署，这适用于新闻处理、法律文书抽取、医疗文本分析等多种中文信息抽取场景。

代码清单 2-3 展示了如何基于 BERT 模型（使用 Hugging Face 的 transformers 库中的 BertTokenizer 类、BertModel 类以及 pipeline 函数）处理中文文本和执行掩码填充任务。

代码清单 2-3　基于 BERT 模型处理中文文本和执行掩码填充任务

```
from transformers import BertTokenizer, BertModel, pipeline

# 加载中文的Bert分词器和模型
tokenizer = BertTokenizer.from_pretrained(bert-base-chinese)
model = BertModel.from_pretrained("bert-base-chinese")

# 准备输入文本
text = "请用任意文本来代替我。"
```

37

```
# 使用分词器编码文本，并指定返回PyTorch张量
encoded_input = tokenizer(text, return_tensors=pt)

# 将编码的输入传递给模型，并获取模型的输出
output = model(encoded_input)
# 打印最后一层隐藏状态的维度
print(output.last_hidden_state.shape)

# 使用pipeline函数创建掩码填充任务的处理流程
unmasker = pipeline(fill-mask, model=bert-base-chinese)
# 使用pipeline函数完成掩码填充任务
print(unmasker("你好，我是一个[MASK]的人工智能模型。"))
```

上述代码首先从 transformers 库中导入了 BertTokenizer 和 BertModel 类，并通过调用 from_pretrained 方法加载了适用于中文任务的 BERT 分词器和模型，使模型具备理解和处理中文文本的能力。然后定义了一段示例文本，并使用分词器对其进行编码，指定返回 PyTorch 张量（return_tensors= "pt"）。接着，将编码后的输入传递给 BERT 模型，并获取模型的输出。输出对象中的 output.last_hidden_state 包含了模型最后一层的隐藏状态，该状态通常用于后续的分类、抽取或生成任务，这是进行进一步处理或分析的基础。在上述代码中打印了这个隐藏状态的维度信息，这有助于我们了解模型输出的规模。最后，使用 pipeline 函数创建了一个专门用于掩码填充任务的处理流程。这个 pipeline 函数简化了使用预训练模型完成特定自然语言处理任务的过程。

代码清单 2-3 处理了一个包含[MASK]占位符的句子，并打印了填充结果。执行这段代码将输出填充占位符的可能选项，例如 "你好，我是一个强大的人工智能模型。"，展示了 BERT 模型根据上下文理解和生成合理文本的能力。这种掩码填充能力构成了 BERT 模型在多种自然语言处理任务（如文本生成、问答和摘要等）中的应用基础。

注意　bert-base-chinese 是一个专为中文设计的预训练模型，在中文分词与表示学习方面表现出色，尤其适用于底层的中文语义建模和分词预处理任务。在当前大模型时代，尽管多模态任务需要融合多种模型，bert-base-chinese 仍以其高效的分词能力，被广泛用于文本预处理和中小模型中。

此外，将模型下载到本地运行是一种常见的做法，不仅能够提供离线访问的能力，还能满足特定场景下对数据隐私和安全性的要求，便于实现私有化部署。这种方式确保了模型的可用性和灵活性，特别是在没有网络连接的环境中。

代码清单 2-4 展示了如何基于 BRET 模型（使用 Hugging Face 的 transformers 库中的 AutoTokenizer 和 AutoModel 类），在不借助 pipeline 流水线功能的前提下直接处理中文文本。

代码清单 2-4 基于 BERT 模型处理中文文本

```
from transformers import pipeline
from transformers import AutoTokenizer, AutoModel

# 使用AutoTokenizer和AutoModel加载预训练的中文BERT模型和分词器
tokenizer = AutoTokenizer.from_pretrained("bert-base-chinese")
model = AutoModel.from_pretrained("bert-base-chinese")

# 使用分词器对输入文本进行编码，并指定返回PyTorch张量
inputs = tokenizer("你好!", return_tensors="pt")

# 将编码后的输入传递给模型
outputs = model(inputs)

# 打印模型的输出结果
print(outputs)

# 展示分词器对中文句子的处理方式，中文分词通常是基于字符的
print(tokenizer.tokenize(巴黎是法国的首都。))
```

上述代码首先导入必要的 AutoTokenizer 和 AutoModel 类，使用 from_pretrained 方法加载中文 BERT 模型和相应的分词器。借助这种方式，可以轻松地获取预训练模型和分词器，而无须从头开始训练。然后，使用分词器对中文句子"你好!"进行编码，并指定返回 PyTorch 张量。接着，将编码后的输入传递给模型，模型会处理这些输入并输出结果。模型的输出对象 outputs 包含了模型的最后隐藏状态和其他相关信息，可以用于进一步的分析或处理。上述代码的最后一部分展示了分词器如何对中文句子"巴黎是法国的首都。"进行分词。由于中文通常没有明显的单词边界，分词器通常会基于字或子词进行切分，这与英文等语言按单词划分的方式有所不同。

通过代码清单 2-4，我们可以看到如何使用 Hugging Face 的 transformers 库来处理中文文本。这段代码还展示了模型和分词器的基本用法，这种用法在需要更细粒度控制模型的输入和输出时非常有用，尤其是在研究和开发自定义自然语言处理应用时。

代码清单 2-5 展示了如何基于 BERT 模型（使用 Hugging Face 的 transformers 库中的 AutoModelForQuestionAnswering 和 AutoTokenizer 类，以及 pipeline 函数）执行中文问答任务。

代码清单 2-5 基于 BERT 模型执行中文问答任务

```
from transformers import AutoModelForQuestionAnswering, AutoTokenizer, pipeline
```

```
# 加载预训练的中文问答模型和分词器
model = AutoModelForQuestionAnswering.from_pretrained(roberta-base-chinese-extractive-qa)
tokenizer = AutoTokenizer.from_pretrained(roberta-base-chinese-extractive-qa)

# 创建问答处理流程
QA = pipeline(question-answering, model=model, tokenizer=tokenizer)

# 准备问答输入，包括问题和上下文文本
QA_input = {
    question: "著名诗歌《假如生活欺骗了你》的作者是谁？",
    context:"普希金从那里学习人民的语言，吸取了许多有益的养料，这一切对普希金后来的创作产生了很大的影响。这
两年里，普希金创作了不少优秀的作品，如《囚徒》《致大海》《致凯恩》和《假如生活欺骗了你》等几十首抒情诗，叙事诗
《努林伯爵》，历史剧《鲍里斯·戈都诺夫》，以及《叶甫盖尼·奥涅金》前六章。"
}

# 使用pipeline函数完成问答任务，并打印结果
print(QA(QA_input))
```

上述代码首先从 transformers 库中导入了 AutoModelForQuestionAnswering 和 AutoTokenizer 类，以及 pipeline 函数，并使用 from_pretrained 方法加载了针对中文问答任务预训练的 RoBERTa 模型及其分词器。然后，使用加载好的模型和分词器构建了一个问答处理流程。这个流程封装了问答任务所需的所有步骤，包括文本的处理和模型的推理。接着，定义了问答输入，包括问题和相关的上下文文本。上下文文本中包含了问题的相关信息，模型需要从中提取答案。最后，调用问答处理流程的问答功能并传入 QA_input 字典，模型会在上下文中寻找答案，并返回结果。输出结果通常包括答案文本、答案在原文中的起始和结束位置，以及模型对答案的置信度。

代码清单 2-5 展示了如何使用 Hugging Face 的 transformers 库快速实现中文问答系统。可以看到，它利用预训练模型强大的理解能力来回答问题。通过这种方式，可以轻松地将问答功能集成到各种应用程序中。

注意 在自然语言处理不断演进的背景下，早期模型针对写作、问答、聊天等特定任务进行了有效建模，且展现出了良好性能。随着参数规模的扩大和训练策略的优化，当前的大模型在准确率、泛化能力和语言理解深度方面取得了显著优势。它们能够捕捉更复杂的语义关系、处理长距离依赖结构，并在多任务场景中实现统一建模。尽管早期模型在资源受限或对响应速度要求较高的场景中仍具实用价值，但总体而言，大模型正在成为自然语言处理发展的主流方向，它们为人工智能在更广泛领域的落地应用提供了技术支撑。

2.3　GPT 模型与早期多模态 ViT 模型

2.3.1　GPT 网络结构

如图 2-2 所示，生成式预训练变换器（Generative Pre-trained Transformer，GPT）模型是一种基于 Transformer 架构的生成式语言模型，由 OpenAI 于 2018 年首次提出。GPT 模型的核心原理是通过无监督预训练与有监督精调这两个阶段逐步实现对自然语言的理解与生成。

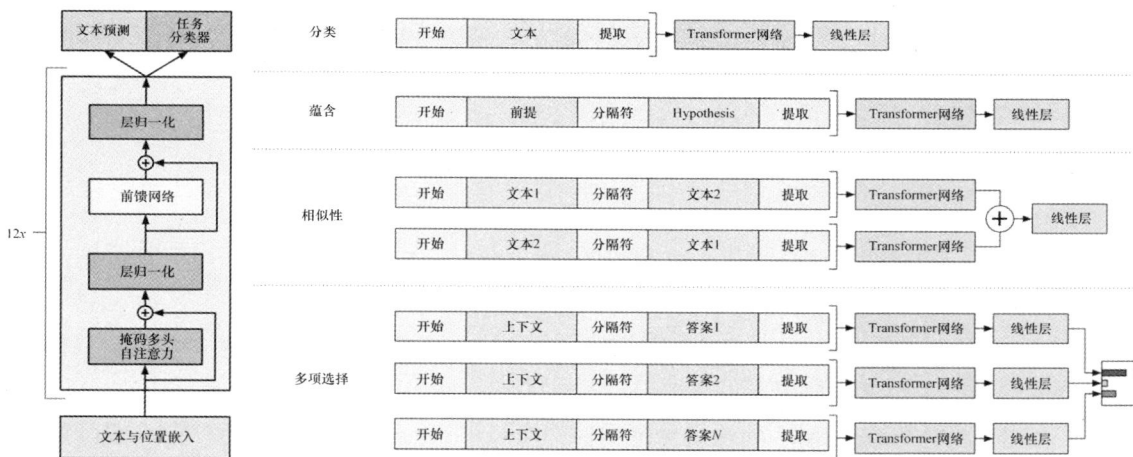

图 2-2　GPT 模型结构

使用 GPT 模型主要涉及以下两个阶段。

- 无监督预训练阶段：在这个阶段，GPT 模型在大规模文本语料上进行训练，目标是通过语言建模任务预测序列中的下一个词。该过程无须人工标注，能够充分挖掘开放域数据中的语言模式和统计规律。
- 有监督下游任务精调阶段：预训练完成后，GPT 模型可以在特定的下游任务（如文本分类、问答系统、摘要生成等）上进行微调。这一阶段利用带有标签的数据对模型的参数进行微调，以适应具体任务。

GPT 模型的核心结构由多层 Transformer 解码器堆叠而成。与原始的编码器-解码器架构不同，GPT 模型仅采用了解码器部分，且移除了其中用于接收编码器信息的交叉注意力模块。其自注意力机制中引入了掩码多头自注意力，确保每个位置仅能访问其左侧及当前位置的输入，从而实现因果式语言建模（Causal Language Modeling）。

GPT 模型的应用场景非常广泛，主要包括以下方面。

- 文本生成：GPT 模型可以生成连贯且语法正确的文本，用于续写故事、生成新闻文章、编写代码等任务。
- 语言翻译：虽然 GPT 最初并非专为翻译设计，但其强大的语言建模能力使其在机器翻译领域也表现出极佳的效果。
- 摘要生成：GPT 能够理解长篇文章的主要内容，并生成简洁、准确的摘要。
- 问答系统：GPT 能够理解用户提出的问题，并从给定的上下文中定位答案，或利用已有知识生成合理回答。
- 文本分类：GPT 可用于情感分析、意图识别、主题分类等任务，通过微调适应各种文本类型。
- 对话系统：GPT 可驱动自然语言对话机器人，实现流畅、有上下文关联的多轮对话。

GPT 模型的计算过程包括以下步骤。

1）输入表示：将原始文本转换为模型可接受的格式，例如词汇表索引（token ID）或嵌入向量。

2）嵌入层（Embedding Layer）处理：通过嵌入层将离散的 token ID 映射到连续向量空间，形成词向量表示，并加上位置编码以保留顺序信息。

3）Transformer 解码器处理：输入向量经过多层堆叠的 Transformer 解码器块。每个解码器层均包含掩码多头自注意力（Masked Multi-Head Self-Attention）机制和前馈神经网络（Feed-Forward Network），可逐步提取上下文表示。

4）输出预测：Transformer 的输出经过线性变换和 Softmax 运算后，得到每个位置对应的词预测分布或分类结果。

5）损失函数计算：根据任务需求使用交叉熵等损失函数计算模型输出与真实标签之间的误差。

6）反向传播和参数更新：通过反向传播算法计算梯度，并使用优化器对模型参数进行更新，从而优化目标函数。

GPT 模型的成功归因于其基于 Transformer 架构的生成式预训练策略。该策略不仅使模型具备建模长距离依赖关系的能力，还实现了在大规模无监督学习的基础上对下游任务的高效迁移。随着模型规模的扩展，GPT 系列（如 GPT-2、GPT-3）模型在多个自然语言处理任务中均展现出卓越性能，并推动了大模型架构在工业界和学术界的广泛应用。

注意 GPT 模型作为自然语言处理领域的一个重要里程碑，其采用的自回归预训练（Autoregressive Pretraining）范式已在多个应用场景取得显著成效。该模型通过在海量语

料库上建模语言生成规律，从而获得强大的通用语言表示能力，为下游任务提供了坚实的基础。从 GPT 到 GPT-3 的演进过程中，模型参数规模呈指数级增长带来了生成质量和泛化能力的同步提升，这标志着"大模型时代"的到来。此外，GPT 的开源推动了研究生态的繁荣，学术界和工业界围绕其开展了大量优化工作，如微调策略改进、推理效率提升、模型压缩与部署等。与此同时，其内容生成能力也引发了关于 AI 伦理、安全性与可控性的广泛讨论，促使人们更加关注生成式模型的社会影响。因此，GPT 不仅在自然语言处理领域占据核心地位，还对整个人工智能的发展路径产生了深远影响。

代码清单 2-6 展示了如何基于 GPT 模型（使用 Hugging Face 的 transformers 库中的 BertTokenizer、GPT2LMHeadModel 以及 TextGenerationPipeline 类）生成中文文本。

代码清单 2-6　基于 GPT 模型生成中文文本

```
from transformers import BertTokenizer, GPT2LMHeadModel, TextGenerationPipeline

# 加载预训练的中文GPT-2分词器和语言模型
tokenizer = BertTokenizer.from_pretrained("gpt2-chinese-cluecorpussmall")
model = GPT2LMHeadModel.from_pretrained("gpt2-chinese-cluecorpussmall")

# 创建文本生成管道，使用GPT-2模型和分词器
text_generator = TextGenerationPipeline(model, tokenizer)

# 使用管道生成文本，以"很久之前的一个故事"为开头
generated_text = text_generator(
    "很久之前的一个故事",
    max_length=100,  # 设置生成文本的最大长度为100个字符
    do_sample=True   # 启用采样，使生成的文本更多样化
)

# 打印生成的文本
print(generated_text)
```

上述代码首先从 transformers 库中导入必要的类，并使用 from_pretrained 方法加载专门针对中文优化的 GPT-2 模型及其对应的分词器，该模型基于 ClueCorpusSmall 数据集进行了预训练，适用于中文文本生成任务。然后，创建了一个 TextGenerationPipeline 对象，将模型与分词器封装在一起，提供一个高层接口，便于执行文本生成任务。接着调用 text_generator 方法，并传入"很久之前的一个故事"作为输入前缀，引导模型生成后续文本。参数 max_length=100 限制了生成文本的最大长度，而 do_sample=True 启用了随机采样策略，使每次生成的内容更具多样性和创造性。执行此代码后，模型将生成一段以"很久

之前的一个故事"为开头、不超过 100 个字符的文本，这展示了 GPT-2 模型在中文文本生成方面的实际能力。这一生成能力广泛应用于创意写作、对话系统、故事续写等自然语言生成场景。

注意 尽管早期的 GPT 模型在文本生成方面取得了突破性进展，但它们生成的文本与人类自然语言相比仍有明显差异。这些差异主要表现在文本的流畅性、内容的一致性、创意性、语义深度、结构复杂度以及情感表达等方面。GPT 模型生成的句子有时在语法上略显生硬，逻辑关系或写作风格与上下文不完全一致，且常缺乏新意与深入思考。此外，模型偶尔会生成违背常识或包含错误信息的内容，情感表达也相对平淡。然而，随着训练语料的扩展和算法的持续优化，新一代模型正在逐步提升生成文本的自然度和准确性，在创造性和情感表达方面也日益接近人类语言水平。随着相关技术的不断成熟，AI 生成的文本有望将更加贴近人类的语言表达。

2.3.2 ViT 网络结构

Vision Transformer（ViT）是一种结合了传统卷积神经网络的强大图像处理能力和 Transformer 架构的先进模型，如图 2-3 所示。ViT 模型的提出标志着 Transformer 架构在计算机视觉领域的成功应用，为图像识别和处理任务提供了新的解决方案。

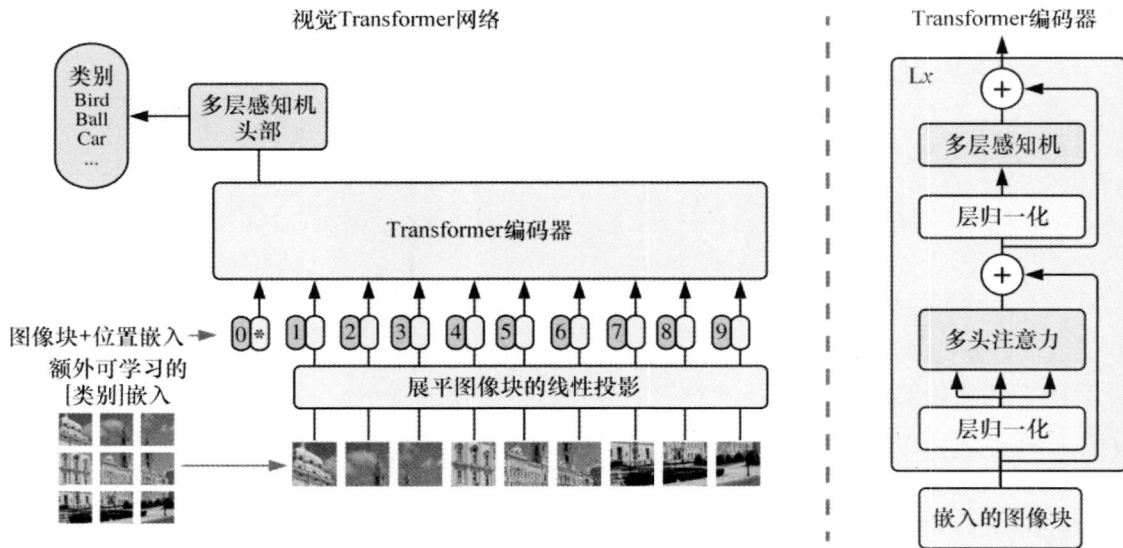

图 2-3　ViT 模型结构

ViT 模型的核心原理是将图像分割成多个大小固定的图像块（patch），并将其展平成一维 Token 序列，以作为 Transformer 的输入进行处理。

1）Embedding：输入图像首先被划分为多个大小固定的图像块（如 16×16 像素），每个图像块被视为一个输入 Token。通过线性投影（通常使用卷积或全连接层）将每个 patch 映射为向量表示，并添加位置嵌入（Position Embedding）以保留空间位置信息。

2）Transformer 编码器：由多个 Transformer 编码器层堆叠组成，每层都包含多头注意力机制（Multi-Head Attention）和前馈神经网络。这些模块协同工作，能够捕捉图像中的空间关系和特征。

3）多层感知机头部（MLP Head）：Transformer 编码器的输出会经过一个多层感知机头部，该头部通常由一个或多个全连接层组成，用于执行特定分类任务，如图像分类。在训练过程中，模型学习将特征映射到类别概率空间。

由于 ViT 模型具有强大的特征提取和处理能力，因此在多个计算机视觉任务中展现出了卓越的性能，其主要应用场景如下。

- 图像分类：ViT 模型可以直接用于大规模图像分类任务，如 ImageNet 数据集上的分类问题。
- 目标检测：ViT 模型可作为骨干网络（Backbone）集成进检测框架中，提供对图像中目标位置和类别的精确预测。
- 图像分割：适用于语义分割和实例分割等任务，有助于模型更准确地划分图像结构。
- 视频处理：通过适配时序结构，ViT 的变种模型也可应用于动作识别、视频分类等场景。
- 多模态学习：ViT 模型可作为视觉编码器与文本模型结合，用于图文匹配、视觉问答、图像字幕生成等任务。
- 迁移学习：ViT 模型在大规模数据上预训练后，可迁移至特定领域数据上。它支持高效部署与微调。

ViT 模型的技术优势在于其灵活性和强大的表示能力。通过 Transformer 架构，ViT 模型能够处理不同尺寸和比例的图像，同时保持高效的并行计算能力。此外，ViT 模型通过引入位置编码，保留了图像的空间结构信息，使得模型能够更好地理解图像内容。随着深度学习技术的不断进步，ViT 模型及其变种将继续在计算机视觉领域发挥重要作用，推动视觉识别、图像处理和多模态学习等任务的发展。

注意　尽管 ViT 模型在某些复杂任务上的性能可能不如专门设计的大型多模态模型优异，但其轻量化设计和结构简洁性使其在资源受限或需要快速部署的场景中具有明显优势。随着硬件性能的提升和算法的不断演进，ViT 模型将在多模态学习中持续发挥关键作用，为视觉语言联合建模任务提供高效支持。

代码清单 2-7 展示了如何基于 ViT 模型（使用 Hugging Face 的 transformers 库中的 ViTFeature-Extractor 和 ViTForImageClassification 类）执行图像分类任务。

代码清单 2-7　基于 ViT 模型执行图像分类任务

```
from transformers import ViTFeatureExtractor, ViTForImageClassification
from PIL import Image
import requests

# 加载图像并使用PIL库打开
image = Image.open(1.jpg)

# 从预训练模型中加载ViT模型的特征提取器
feature_extractor = ViTFeatureExtractor.from_pretrained(vit-base-patch16-224)

# 从预训练模型中加载ViT模型的图像分类模型
model = ViTForImageClassification.from_pretrained(vit-base-patch16-224)

# 使用特征提取器处理图像，并指定返回PyTorch张量
inputs = feature_extractor(images=image, return_tensors="pt")

# 将处理后的输入传递给模型
outputs = model(inputs)

# 获取模型的原始输出（logits）
logits = outputs.logits

# 确定最有可能的类别索引
predicted_class_idx = logits.argmax(-1).item()

# 打印预测的类别名称
print("Predicted class:", model.config.id2label[predicted_class_idx])
```

上述代码首先从 transformers 库中导入必要的类，并使用 PIL 库打开待分类的图像文件。然后使用 ViTFeatureExtractor 类加载与 ViT 模型相匹配的特征提取器，该特征提取器负责执行图像预处理操作，包括调整图像尺寸、归一化像素值等。接着加载预训练的 ViTForImageClassification 模型，这个模型专门用于执行图像分类任务。图像经特征提取器处理后，被转换为 PyTorch 张量格式，并作为输入传递给模型。模型的输出为一组原始分类值（logits），用于反映图像属于各类别的预测概率分布。通过对 logits 进行最大值索引操作，可确定模型预测的类别编号。最

后，使用模型配置中的 id2label 字典将类别编号映射为对应的标签名称，并输出最终预测结果。

　　代码清单 2-7 演示了使用 ViT 模型进行图像分类的过程，涵盖了从图像预处理到模型预测的全流程。ViT 模型的这一应用展示了其在计算机视觉任务中的实用价值，尤其是在图像识别和分类领域。通过这种方式，ViT 模型可以轻松集成到各种图像处理应用程序中，提供快速、准确的分类结果。

第**3**章　开源大模型的推理与训练

本章将揭开开源大模型的神秘面纱,探索其在推理和训练方面的实践应用。通过本章内容,读者将系统掌握从环境搭建到模型训练的开发流程,并学会高效利用资源,充分挖掘模型潜力。

3.1　魔搭社区与复杂环境搭建

魔搭社区(ModelScope)是阿里巴巴集团推出的一个人工智能模型分享与协作平台,致力于为国内开发者、研究人员和企业提供本地化的模型服务环境,以推动 AI 技术的创新和应用。魔搭社区不仅提供了大量预训练模型,还支持用户上传和分享自己的模型,并集成了模型训练、测试和部署等全流程服务,显著提升了 AI 开发者的工作效率。魔搭社区的建立对构建国内 AI 生态体系与降低技术门槛都具有重要的意义,同时也为国内 AI 研究者和开发者提供了一个更加稳定和便捷的本地化服务平台。

在深度学习领域,随着模型规模的不断扩大,开发和部署大模型的需求也日益增长。这不仅要求我们具备基于 Pytorch+CUDA 显卡的开发环境,还需要有更高级的工具来应对量化、推理和部署等挑战。以下是一些关键库的简要介绍,每个库都为构建复杂环境提供了独特价值。

- accelerate:该库通过提供跨多个 GPU 和 TPU 的统一接口,简化了分布式训练的复杂性。它支持自动混合精度训练,能够显著提高训练效率并减少内存使用。此外,accelerate 还提供了模型并行化和数据并行化的高级功能,使得大规模模型的训练变得更加可行。
- cpm_kernels:这是一个针对 CPU 环境优化的矩阵乘法库,通过高效的算法实现,

cpm_kernels 能够在没有 GPU 支持的情况下提供接近 GPU 的性能。这对于资源受限的环境或需要在多种硬件上部署模型的场景非常有用。

- xformers：专注于 Transformer 模型的库，xformers 通过优化内存访问模式和计算流程，提高了模型的运行效率。它优化了注意力计算模块，支持自动混合精度训练，进一步加快了训练速度并减少了内存占用。

- auto-gptq：这是一个先进的量化工具，能够在不牺牲模型性能的前提下，对模型进行后训练量化。auto-gptq 通过精确的量化策略，帮助模型在保持高精度的同时减小模型，加快推理速度。

- autoawq：自动化的权重量化工具，autoawq 专注于在模型部署阶段降低模型的存储需求并提高推理速度。它通过智能量化技术优化权重表示，以最小的精度损失实现模型压缩。

- bitsandbytes：一套支持 8 位、4 位甚至更低位精度权重的高效数值表示库，提供轻量级量化、低精度训练等功能，是构建高效深度学习应用的关键组件。

- optimum：由 Hugging Face 与 ONNX Runtime 共同开发的模型加速库，支持量化感知训练（QAT）、图优化、融合等技术，用于提高推理效率并降低部署成本。

- ctransformers：一个高性能的 C 库接口，用于高效运行大规模 Transformer 模型，在内存占用优化和长文本处理方面表现突出，适合部署超长序列任务。

- flash-attn：基于 CUDA 内核重构注意力计算流程，实现近乎线性时间复杂度的注意力机制，适用于对低延迟和高吞吐量有严格要求的实时应用。

- peft：参数效率的微调技术，支持如 LoRA 等方法，仅更新少量参数即可完成任务适配，大幅降低训练成本。

- ninja：一个用于加速 C/C++编译流程的构建系统，在需要构建原生 CUDA 扩展或其他依赖编译环境时可显著缩短构建时间。

- llama_cpp_python：为 Llama 系列模型提供 Python 与 C++的桥接接口，使得 Python 用户能够轻松调用底层高性能实现，在边缘设备部署和本地运行场景中尤为实用。

这些库的共同作用是为大模型的开发、优化和部署提供一套全面的解决方案。它们帮助开发者克服了大模型带来的挑战，使得在各种环境下都能实现高效、可靠的模型应用。

注意　对于以 Windows 作为开发平台的用户来说，编译底层计算库可能会面临一些挑战，因为部分库可能不支持 Windows，或者编译过程较为复杂。为简化安装过程，以下介绍一些常用库的推荐预编译版本，用户可直接通过 pip install 命令或者运行 exe 安装包完成安装。

- bitsandbytes：可以在 GitHub 网站上获取 bitsandbytes 的预编译 wheel 文件，该库适用于 Windows 平台。

- AutoAWQ: 可以在 GitHub 网站上获取 AutoAWQ 的预编译版本，以便在 Windows 上直接安装。
- flash-attn: 可以在 GitHub 网站上下载 flash-attn 的预编译版本，并且在 Windows 上安装。
- llama_cpp_python: GitHub 网站上提供了 llama_cpp_python 的预编译 Python 包及其绑定接口，方便 Windows 用户使用。
- ninja: 作为一款构建系统，其在 GitHub 网站上的项目 ninja-build/ninja 提供了 Windows 平台的预编译版本，可以实现快速下载与部署。

使用这些预编译资源可以节省大量配置和编译时间，尤其适合初学者或希望快速搭建深度学习环境的开发者。借助这些工具，即使是在 Windows 平台上，也能够轻松搭建起复杂的大模型开发环境。

3.2　从零开始训练一个 GPT-2 小模型

本节将展示如何从零开始训练一个基于 GPT-2 架构的小模型（简称 GPT-2 小模型），使用的训练数据为 100 万轮中文对话语料。通过该实践过程，读者不仅能够深入理解语言模型的训练机制，还能够获得一个针对特定任务优化的模型。

GPT-2 小模型因其在自然语言处理任务中的强大性能而广受欢迎。本节的实践将使读者更深入地了解如何利用这种模型来处理实际的对话数据。

3.2.1　数据的整理与清洗

在训练任何模型之前，进行数据的整理与清洗都是至关重要的步骤，它直接影响数据集的质量和模型训练的效果。进行数据的整理与清洗之前，我们需要编写一个 preprocess.py 脚本。

在 preprocess.py 脚本中，首先通过 argparse 库解析命令行参数，参数包括训练数据的路径、处理后数据的保存路径以及词汇表路径，确保用户可以灵活配置输入与输出资源，为后续的数据处理提供基础支持。随后，利用 loguru 库进行日志记录，以便跟踪和监控脚本的执行过程，确保数据处理的可追溯性和可维护性。

接下来进入分词阶段，脚本初始化了 BertTokenizerFast 分词器，这是将原始文本转换为模型可理解格式的关键步骤。分词器根据需求配置了特定的分隔符和特殊标记，以适应 BERT 模型的标准输入格式。脚本读取原始的对话数据时，会自动识别并处理不同操作系统环境下的换行符差异，从而确保数据读取的准确性和跨平台兼容性。

在完成数据读取之后，脚本将每段对话拆分成多个独立的话语（utterance），并为每个话语添加必要的特殊标记（如[CLS]和[SEP]），以符合模型的输入要求。每个话语通过分词器编码为模型可以理解的数值序列，并保存在列表中，作为后续模型训练的结构化输入。

为了更深入地了解数据特性，该脚本还应对每段对话的词元序列长度（包括均值、中位数和最大值）进行统计，这有助于分析数据的分布特征，为模型训练提供重要的参考信息。

最终，处理完成的数据通过 pickle 模块进行序列化，并保存至本地文件，便于训练阶段快速加载与复用，从而显著提升训练效率与开发便捷性。

代码清单 3-1 所示的 preprocess.py 脚本定义了一个名为 preprocess 的函数，其核心功能是将原始对话数据进行词元化处理，即将每段对话拆分为多个独立的话语（utterance），并在每个话语前后添加特殊标记[CLS]和[SEP]。

通过统计每个对话生成的 input_ids 列表长度，能够收集关键的数据长度信息。最终，处理后的数据被序列化并被保存到指定的文件中，为接下来的模型训练做好准备。

代码清单 3-1　preprocess.py 脚本的关键代码

```python
def preprocess():
    # ... 省略之前的代码 ...

    # 开始进行tokenize
    dialogue_len = []  # 记录所有对话进行tokenize之后的长度
    dialogue_list = []
    for dialogue in train_data:
        utterances = dialogue.split("\n")
        input_ids = [cls_id]  # 每个dialogue均以[CLS]开头
        for utterance in utterances:
            input_ids += tokenizer.encode(utterance, add_special_tokens=False)
            input_ids.append(sep_id)  # 在每个utterance之后添加[SEP]
        dialogue_len.append(len(input_ids))
        dialogue_list.append(input_ids)

    # 统计信息
    len_mean = np.mean(dialogue_len)
    len_median = np.median(dialogue_len)
    len_max = np.max(dialogue_len)

    # 保存结果
    with open(args.save_path, "wb") as f:
```

```
            pickle.dump(dialogue_list, f)
    logger.info("finish preprocessing data")
    logger.info("mean of dialogue len:{},median of dialogue len:{},max len:{}".format(len_mean,
    len_median, len_max))
```

下面再介绍几个与数据整理及清洗相关的脚本。

如代码清单 3-2 所示，earlystop.py 脚本中定义的 EarlyStopping 类实现了训练过程中的早停机制（Early Stopping），这是一种在训练过程中监控并减少过拟合的有效手段。早停机制会持续监控验证集上的损失（validation loss），如果模型在连续若干轮训练内未能带来显著的性能提升，即可提前终止训练过程，并保存当前性能最优的模型参数，从而避免模型在后续训练中因过拟合而性能下降。

代码清单 3-2　earlystop.py 脚本的关键代码

```
class EarlyStopping:
    # ... 省略构造函数和其他方法 ...

    def__call__(self, val_loss, model):
        score = -val_loss
        if self.best_score is None:
            self.best_score = score
            self.save_checkpoint(val_loss, model)
        elif score < self.best_score + self.delta:
            self.counter += 1
            if self.counter >= self.patience:
                self.early_stop = True
        else:
            self.best_score = score
            self.save_checkpoint(val_loss, model)
            self.counter = 0

    def save_checkpoint(self, val_loss, model):
        # 这里省略了保存模型的代码
        self.val_loss_min = val_loss
```

如代码清单 3-3 所示，dataset.py 脚本中定义的 MyDataset 类是一个自定义的数据集封装，继承自 PyTorch 的 Dataset 抽象类，设计该类的目的是将预处理完的对话词元序列（token ID 列表）封装为可被训练循环调用的数据集对象。

代码清单 3-3　dataset.py 脚本的关键代码

```python
class MyDataset(Dataset):
    def __init__(self, input_list, max_len):
        self.input_list = input_list
        self.max_len = max_len

    def __getitem__(self, index):
        input_ids = self.input_list[index]
        input_ids = input_ids[:self.max_len]
        input_ids = torch.tensor(input_ids, dtype=torch.long)
        return input_ids

    def __len__(self):
        return len(self.input_list)
```

　　如代码清单 3-4 所示，data_parallel.py 脚本中定义的 BalancedDataParallel 类扩展了 PyTorch 的 DataParallel，支持在多个 GPU 上进行高效的数据并行训练。该类通过在构造函数中指定第一个 GPU 上的批量大小，来实现负载均衡，优化资源使用。Forward 方法和 scatter 方法的重写确保了数据能够在多个 GPU 上均匀分布，并且能正确收集和合并结果。

代码清单 3-4　data_parallel.py 脚本的关键代码

```python
class BalancedDataParallel(DataParallel):
    def __init__(self, gpu0_bsz, *args, kwargs):
        self.gpu0_bsz = gpu0_bsz
        super().__init__(*args, kwargs)

    def forward(self, *inputs, kwargs):
        # ... 省略其他代码……
        replicas = self.replicate(self.module, self.device_ids[:len(inputs)])
        outputs = self.parallel_apply(replicas, device_ids, inputs, kwargs)
        return self.gather(outputs, self.output_device)

    def scatter(self, inputs, kwargs, device_ids):
        # ... 省略其他代码……
        return scatter_kwargs(inputs, kwargs, device_ids, chunk_sizes, dim=self.dim)
```

3.2.2　GPT-2 小模型训练

GPT-2 是一种基于 Transformer 架构的预训练语言模型，在自然语言处理领域有着广泛的应用。本节将详细介绍 GPT-2 小模型的标准训练流程，涵盖从参数配置到模型部署的各个环节，旨在为实际任务提供完整的训练范式参考。

GPT-2 小模型的训练流程通常包括以下阶段。

（1）参数配置阶段

该阶段应明确设置关键训练超参数，如学习率（learning rate）、批量大小（batch size）、训练轮数和最大序列长度（max sequence length）等。这些配置通过命令行参数或配置文件传入，为训练流程提供统一的控制接口。

（2）训练环境初始化阶段

训练环境初始化是基础保障，推荐在支持 CUDA 的 GPU 设备上执行，以显著加速大规模矩阵计算。此阶段还包括设定随机种子以确保实验的可复现性，初始化日志记录系统（如 loguru），用于追踪训练过程中关键指标的变化，如训练损失（training loss）、验证损失（validation loss）和准确率（accuracy）等。

（3）数据准备阶段

数据准备是保证训练质量的前提。在数据预处理完成后，构造 PyTorch 的 Dataset 和 DataLoader 对象，实现高效的数据批次加载与随机打乱。在该阶段，数据应按需填充至统一长度，并通过词元化映射为模型输入的词元 ID 序列。

（4）模型构建与初始化阶段

进入模型构建与初始化阶段后，根据预定义配置实例化 GPT-2 模型结构，通常选择基于预训练模型微调，也可采用随机初始化参数的方式从头训练。接着，配置优化器（如 AdamW）与学习率调度器（Scheduler），以实现动态学习率控制，优化收敛过程。

（5）优化器与学习率调度配置阶段

在多卡训练场景下，该阶段通常借助 torch.nn.DataParallel 或自定义的 BalancedDataParallel 等模块进行数据并行化处理，有效提升训练吞吐率。标准的训练流程包括前向传播、损失计算、反向传播和参数更新等步骤。为防止过拟合，可引入验证集早停（Early Stopping）机制，即当验证损失在若干连续周期内未明显下降时，自动终止训练并保存当前最佳模型。

（6）训练与验证循环阶段

在该阶段，模型性能通过定期记录损失与准确率等指标进行监控，同时保存中间模型检查点，以支持断点续训与模型回滚。训练结束后，可在测试集上评估最终效果，并生成训练日志图表以辅助后续的性能分析。

（7）训练后的评估与部署阶段

在该阶段，将训练好的模型部署至具体的自然语言处理应用场景中，如文本生成、自动对话系统和摘要生成等。在整个训练过程，须灵活调整策略与参数，以应对任务需求与数据特性，实现模型性能的最优化。

接下来将深入分析一个训练 GPT-2 小模型的示例（Python 代码），系统梳理其完整的训练流程。

（1）参数配置

在训练开始之前，需要通过 argparse 库设置训练所需的各项参数。这些参数包括显卡选择、词汇表路径、模型配置、训练数据路径、最大序列长度等。

```
parser.add_argument(--device, default=0, type=str, help=设置使用哪些显卡)
parser.add_argument(--vocab_path, default=config/vocab.txt, type=str, help=词汇表路径)
...
parser.add_argument(--batch_size, default=32, type=int, help=训练的batch size)
parser.add_argument(--lr, default=2.6e-5, type=float, help=学习率)
...
args = parser.parse_args()
```

上述参数允许用户根据需要调整配置。

（2）日志记录

训练过程中的日志记录对于监控训练状态和调试模型至关重要。这里使用 logging 模块创建日志器，并将日志输出到日志文件和控制台中。

```
logger = logging.getLogger(__name__)
logger.setLevel(logging.INFO)
...
file_handler = logging.FileHandler(filename=args.log_path)
console = logging.StreamHandler()
logger.addHandler(file_handler)
logger.addHandler(console)
```

（3）数据加载

数据加载是开始训练的第一步。这里使用 pickle 模块加载训练数据，并将其划分为训练集和验证集。为了更高效地处理数据，下面的代码使用自定义的 MyDataset 类来封装数据读取和批处理逻辑。

```
with open(train_path, "rb") as f:
    input_list = pickle.load(f)
...
```

```
train_dataset = MyDataset(input_list_train, args.max_len)
val_dataset = MyDataset(input_list_val, args.max_len)
```

（4）模型定义

模型定义是训练过程中的核心部分。这里使用了 transformers 库中的 GPT2LMHeadModel 作为模型。读者在实践时，如果提供了预训练模型路径，则从该路径加载模型；否则，根据配置文件初始化一个新的模型。

```
if args.pretrained_model:
    model = GPT2LMHeadModel.from_pretrained(args.pretrained_model)
else:
    model_config = GPT2Config.from_json_file(args.model_config)
    model = GPT2LMHeadModel(config=model_config)
```

（5）并行训练

在多 GPU 环境下，使用 DataParallel 或自定义的 BalancedDataParallel 实现模型的并行训练，以加速训练过程。

```
if args.cuda and torch.cuda.device_count() > 1:
    model = DataParallel(model).cuda()
```

（6）训练与验证

模型训练与验证分别由 train_epoch 和 validate_epoch 这两个函数完成。其中，train_epoch 函数负责执行完整的训练流程，包括前向传播、损失计算、梯度更新等关键步骤。这里可使用 EarlyStopping 实现早停，避免过拟合。

```
for epoch in range(args.epochs):
    train_loss = train_epoch(model, train_dataloader, optimizer, scheduler, logger, epoch, args)
    validate_loss = validate_epoch(model, validate_dataloader, logger, epoch, args)
    ...
```

（7）损失函数与准确率计算

损失函数是衡量模型预测与真实标签之间差异的关键指标。这里使用了带有标签平滑的交叉熵损失函数。

```
loss = caculate_loss(logit, target, pad_idx, smoothing=True)
```

准确率的计算考虑了忽略特定索引的机制，即对于某些特定的 token 不计算损失。

```
n_correct, n_word = calculate_acc(logit, labels, ignore_index=-100)
```

（8）主函数

main 函数是程序的入口点，负责初始化参数、日志记录系统、数据加载器以及模型对象，并启动训练流程。

```
def main():
    args = set_args()
    logger = create_logger(args)
    ...
    train_dataset, validate_dataset = load_dataset(logger, args)
    model = ...  # 模型创建
    train(model, logger, train_dataset, validate_dataset, args)
```

以上分析了 GPT-2 小模型训练的关键步骤，这些步骤共同构成了深度学习模型训练的基本流程，对于理解并实现 GPT-2 小模型的训练具有重要意义。

3.2.3　GPT-2 小模型对话测试

本节基于一个用于测试 GPT-2 小模型对话功能的 Python 脚本进行讲解，该脚本支持用户与预训练模型进行实时交互，以生成连贯且语义相关的回答。

1．环境设置

脚本首先导入必要的库，并根据设备情况将运行环境设置为 GPU（如果可用），否则使用 CPU。这里要定义一个特殊的 PAD 标记和对应的 pad_id，以用于处理序列填充。

```
device = torch.device("cuda" if torch.cuda.is_available() else "cpu")
```

2．Inference 类

Inference 类负责管理对话过程中的模型加载、对话历史记录维护以及回答生成等。其构造函数接收多个超参数，包括模型路径、设备、对话历史长度限制、最大生成长度、重复惩罚系数、温度参数、Top-k 和 Top-p 采样值等。这些超参数影响生成文本的风格和内容。Predict 方法接收用户输入，并根据当前对话历史生成回答。使用 BertTokenizerFast 和 GPT2LMHeadModel 从 Hugging Face 的 transformers 库加载模型，并将其设置为评估模式。

```
class Inference:
    def __init__(self, ...):
        ...
        self.tokenizer = BertTokenizerFast.from_pretrained(model_name_or_path)
        self.model = GPT2LMHeadModel.from_pretrained(model_name_or_path)
        ...
    def predict(self, query, use_history=True):
        ...
```

3．对话生成逻辑

Predict 方法首先将用户输入通过分词器编码为 token id，然后根据历史对话生成输入序列。模型生成回答时，会考虑重复惩罚系数和温度参数，以调整生成文本的多样性和流畅性。使用 top_k_top_p_filtering 函数来过滤生成的 token，确保生成的回答同时满足 Top-k 采样和 nucleus 采样的要求。

```
def predict(self, query, use_history=True):
    ...
    for _ in range(self.max_len):
        ...
        next_token_logits = logits[0, -1, :]
        ...
        filtered_logits = top_k_top_p_filtering(next_token_logits, top_k=self.topk,top_p=self.topp)
        next_token = torch.multinomial(F.softmax(filtered_logits, dim=-1), num_samples=1)
    ...
```

4．参数设置与交互

set_args 函数用于设置命令行参数，允许用户自定义运行设备、温度参数、Top-k 和 Top-p 等。

```
def set_args():
    parser = argparse.ArgumentParser()
    ...
    return parser.parse_args()
```

5．主交互函数

interact 函数是脚本的主入口，负责参数设置并创建 Inference 实例，随后进入一个交互循环，持续接收用户输入并生成回答，直到用户输入 q 退出。

```
def interact():
    args = set_args()
    inference = Inference(args.model_dir, device, ...)
    print(开始和chatbot聊天，输入q以退出)
    while True:
        ...
        try:
            query = input("user:")
            if query.strip() == q:
                raise ValueError("exit")
            text = inference.predict(query)
```

```
        print("chatbot:" + text)
    ...
```

从整体来看，这个脚本提供了一个简洁的命令行交互界面，使用户能够与 GPT-2 小模型进行实时对话测试。通过调整不同的参数，用户可以探索模型在不同设置下的表现，并观察生成回答的变化趋势。

GPT-2 小模型在对话交互中的性能受多种因素（包括模型大小、训练数据、超参数设置、对话管理、优化算法、后处理流程、模型架构和交互设计等）影响。

如图 3-1 所示，尽管该模型具备基本的对话能力，但在生成文本的长度与质量方面仍存在明显不足。该模型的参数体量约为 300MB，这表明它可能缺乏足够的参数来捕捉语言的复杂性，进而导致生成的回答不够丰富或准确。

此外，训练数据的质量与多样性、超参数的配置、优化算法的选择以及后处理流程的完善程度，都可能影响模型的对话能力。

为提升 GPT-2 小模型的对话性能，可以采取以下优化策略：增大模型规模以提高其学习能力；丰富并多样化训练数据，以增强模型的泛化能力；通过交叉验证等方法调整超参数，找到最优设置；尝试不同的模型架构或添加辅助任务，以增强模型的理解和生成能力；使用更复杂的对话管理策略，如引入外部记忆组件或改进上下文编码方式；优化后处理流程，提高生成文本的可读性和相关性；持续迭代和测试，通过收集用户反馈和进行 A/B 测试，逐步优化模型的对话能力。通过实施上述优化策略，可以逐步提升 GPT-2 小模型在对话系统中的表现。

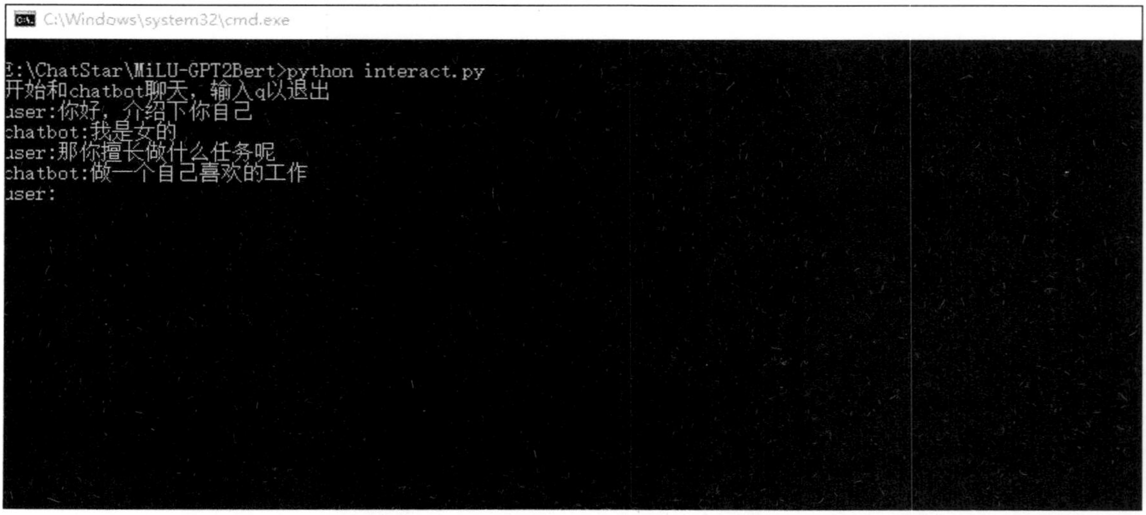

图 3-1　GPT-2 小模型对话结果

3.3　全量微调训练与增量微调训练

在大型机器学习模型的训练领域，微调技术是优化模型以适应特定任务的关键策略。全量微调和增量微调作为两种主要的微调方法，二者在概念、资源消耗、训练效率和模型性能上存在明显差异。全量微调涉及对模型所有参数的重新训练，适用于新任务与预训练任务差异较大的情形。这种方法能够全面调整模型参数，以更好地适应新任务，但需要消耗更多的计算资源和时间。相比之下，增量微调是一种更为经济的策略，它只针对模型的一小部分参数（如输出层或某些隐藏层神经元）进行调整。这种方法适用于新任务与原任务相似度较高的情况，能够快速适应新任务，无须消耗大量资源。不过，增量微调可能无法捕捉新任务中的深层次特征，因此在模型性能上可能不如全量微调。

在选择微调策略时，需要在资源消耗和期望的性能提升之间做出权衡。如果资源充足且对新任务的性能有较高要求，全量微调可能是更优的选择。而当资源有限或需要快速部署模型时，增量微调则更为合适。在实际应用中，微调方法的选择应基于具体任务需求、资源可用性和性能目标来确定。

随着技术的发展，未来的微调方法将朝着更加智能化和高效化的方向迈进。例如，自适应微调能够根据任务需求自动调整参与微调的参数范围，迁移学习和元学习等技术的发展也为微调提供了新思路，使模型能够以更少的资源消耗快速适应新任务。这些进步不仅会推动大模型在各类任务上的性能提升，还将促进机器学习模型在更广泛领域的应用。

下面展示的 Python 脚本对先前训练得到的 GPT-2 小模型进行了全量微调训练，旨在提升其在语言模型任务上的表现，并使其更好地适应特定的指令响应数据集。

（1）导入依赖

在代码开头部分导入必要的库：datasets 用于数据加载；transformers 库中的 GPT2LMHeadModel 和 BertTokenizerFast 分别用于构建模型和进行文本分词；Trainer、TrainingArguments 和 DataCollatorForLanguageModeling 则用于配置和执行训练流程。

```
from datasets import load_dataset
from transformers import GPT2LMHeadModel, BertTokenizerFast, Trainer, TrainingArguments,
DataCollatorForLanguageModeling
```

（2）配置参数

在代码中定义训练所需的关键参数，如微批次大小（MICRO_BATCH_SIZE）、总批次大小（BATCH_SIZE）、梯度累积步数、训练轮数、学习率和最大序列长度（CUTOFF_LEN）。

（3）加载模型和分词器

脚本从本地路径加载预训练的 GPT-2 小模型和相应的分词器，路径./model/epoch19 表明该模型已经完成了若干轮初步训练。通过设置 add_special_tokens=True 可以确保[CLS]、[SEP]等特殊标记得到正确处理。

```
model = GPT2LMHeadModel.from_pretrained("./model/epoch19")
tokenizer = BertTokenizerFast.from_pretrained("./model/epoch19", add_special_tokens=True)
```

（4）数据加载与预处理

使用 load_dataset 函数加载 JSON 格式的数据集后，定义 generate_prompt 函数对数据进行格式化处理，使其包含指令和输入内容，以生成模型提示。

```
data = data.shuffle().map(
    lambda data_point: tokenizer(
        generate_prompt(data_point),
        truncation=True,
        max_length=CUTOFF_LEN,
        padding="max_length",
    )
)
```

（5）训练配置

在脚本中创建一个 Trainer 对象来管理训练过程，并在其中配置多项训练参数，如每个设备训练批次大小、梯度累积步数、预热步数、训练轮数、学习率、启用 16 位浮点数训练（fp16）、日志记录间隔和输出目录等。

```
trainer = Trainer(
    ...
    args=TrainingArguments(
        ...
    ),
    data_collator=DataCollatorForLanguageModeling(tokenizer, mlm=False),
)
```

（6）训练执行

在模型配置中禁用缓存，然后调用 trainer.train 方法开始训练过程，并设置不从检查点恢复。

```
model.config.use_cache = False
trainer.train(resume_from_checkpoint=False)
```

（7）模型保存

训练完成后，将模型保存到指定的目录 gpt2-alpaca。

```
model.save_pretrained("gpt2-alpaca")
```

上述脚本代码展示了使用 Hugging Face 的 transformers 库进行 GPT-2 小模型训练的典型流程。该流程涵盖了训练前的参数配置、数据预处理、训练过程中的参数调整以及模型保存等关键步骤。脚本中使用的数据集是面向特定任务的，需要经过适当格式化，以适配语言模型的训练要求。此外，通过设置 DataCollatorForLanguageModeling，明确指定了当前任务为语言建模任务，而不是掩码语言建模任务。这种训练方式适用于需要模型生成文本的应用场景，如聊天机器人、文本生成等。

3.4　Llama 3 与 Llama 4

Llama（Large Language Model Meta AI）系列模型由 Meta 旗下的 FAIR（Facebook AI Research）团队开发，旨在为学术界和开源社区提供高性能的大规模语言模型。自 Llama 1 发布以来，该系列模型便以其适中的模型规模和高效的训练策略脱颖而出，在有限的资源条件下实现了与大型商业模型相媲美的性能。

继 Llama 1 之后，Llama 2 在模型规模和性能上实现了显著提升，采用了更复杂的模型架构和更大规模的数据集，进一步扩展了模型的语言处理能力。

作为该系列中较新的模型，Llama 3 在 Llama 2 的基础上进一步优化了模型的效率和性能，特别注重提高模型的推理速度和减少资源消耗。Llama 3 采用了更高效的模型架构，减少了参数数量，同时提升了性能，并通过模型压缩和优化加快了推理速度，减少了延迟和资源消耗，使其适用于多种自然语言处理任务，如文本分类、情感分析、问答系统和自然语言推理等。Llama 3 提供三种参数规模选项：8B、70B 和 450B。

Llama 4 是 Meta 推出的新一代开源大模型，首次采用了混合专家（Mixture of Experts，MoE）架构。该架构将数据处理任务分解为多个子任务，把这些子任务分配给若干小型"专家"模型处理，且仅激活部分参数就能完成计算，这显著提升了训练和推理效率。

Llama 4 系列包含以下三个版本。

- Llama 4 Scout：拥有 170 亿活跃参数，由 16 个专家模型组成，总参数量达 1090 亿，支持高达 1000 万 token 的超长上下文窗口，并且可在单个 H100 GPU 上运行。
- Llama 4 Maverick：同样拥有 170 亿活跃参数，但配备了 128 个专家模型，总参数量为

4000 亿，在多项评测中性能超越 GPT-4o。

- Llama 4 Behemoth：拥有高达 2880 亿活跃参数，由 16 个专家模型组成，总参数量接近 2 万亿，是内部用于蒸馏（distill）的教师模型，目前仍在训练中。

然而，Llama 4 巨大的模型体积和复杂的架构也带来了高昂的部署、开发与微调成本。例如，Behemoth 的运行需要用到由 15 到 26 块 H100 GPU 组成的集群，这使得它并不适合普通个人用户或中小企业使用。

相比之下，Llama 3 在性能与成本之间取得了更好的平衡，仍然是大多数个人用户和中小企业的首选。本书后续示例仍结合 Llama 3 进行讲解。

Llama 的开源对人工智能社区产生了深远影响。它打破了资源壁垒，使高校、研究机构等在资源有限的条件下也能使用先进的大模型，推动了研究的公平性与技术创新。此外，这些开源模型为教学与学习提供了丰富的素材，帮助学生和研究人员深入理解大模型的工作原理与机制，并促进了跨学科交流与协作。

Llama 的开源增强了模型的透明度和可解释性。开源支持对 Llama 的内部结构和行为展开深入分析，进而提高了模型决策的可控性和可信度。这还促进了负责任 AI 的发展，可鼓励社区共同应对数据隐私、偏见等伦理挑战。

在产业层面，Llama 的开源显著降低了 AI 技术的使用门槛，尤其有利于初创企业和中小型公司以较低成本获取先进能力，推动了行业的多元化发展。同时，研究者可以在此基础上持续优化，减少重复训练带来的资源浪费，实现更具持续性的科研实践。

总体而言，Llama 的开源不仅促进了知识共享、技术创新和教育普及，也推动了 AI 模型在透明性、伦理性与可持续性方向的协同进步，是人工智能生态建设中的重要里程碑。

3.5　Alpaca 指令式数据集

Alpaca 数据集是一个专门设计用于训练和评估大模型的指令式数据集。通过提供丰富的自然语言指令及相应的输出示例，Alpaca 数据集提升了模型对自然语言指令的理解和执行能力，对于开发智能助手、自动化工具和其他交互式应用具有重要的意义。

Alpaca 数据集具有以下特点。

- 指令类型多样：Alpaca 数据集涵盖了从日常生活、工作到娱乐等多个领域的各种类型的指令。这使得数据集能够支持模型学习如何在不同场景下理解和响应指令，从而提高模型的泛化能力。
- 具有结构清晰的输入输出对：数据集中的每个指令都配有明确的输入和输出示例。这种明确的对应关系不仅便于模型学习，还有助于在训练过程中生成准确的响应，确保模型输出的质量和一致性。例如，对于指令"脉冲神经网络是什么？"，数据集提供了详细的解释作为输出，帮助模型学习如何提供信息丰富的回答。

- 易于扩展：Alpaca 数据集结构清晰，易于理解和操作，这使得研究人员和开发者可以方便地添加新的指令和示例。这种可扩展性使得数据集能够适应不断变化的应用需求和技术进步，保持其时效性和实用性。

结合 Llama 3 使用 Alpaca 数据集，可以充分发挥两者的优势。Llama 3 作为一种高效且性能强大的语言模型，能够处理复杂的语言理解和生成任务。而 Alpaca 数据集中丰富、多样化的指令和示例，为模型提供了大量的学习材料，有助于提升模型在特定任务上的性能。

这种结合不仅提高了模型在理解和执行自然语言指令方面的能力，还推动了自然语言处理技术在更广泛的应用领域中的发展。通过在 Alpaca 数据集上进行训练，可以开发出能够准确理解和执行自然语言指令的模型，为创建智能助手、自动化工具和其他交互式应用提供了强有力的技术支持。这样的模型极大地提高了人机交互的自然性和效率，推动了人工智能技术在实际应用中的落地和发展。

例如，Alpaca 数据集中包含如下一个问答对。

```json
json
{
  "instruction": "介绍一下你自己",
  "input": "",
  "output": "我是由StarRing开发的Llama 3中文微调模型。"
}
```

这个问答对展示了如何通过"介绍一下你自己"这一指令引导模型生成一个关于自身的介绍性输出。这种结构化的问答对是 Alpaca 数据集的核心组成部分，为模型提供了丰富的学习和训练样本。

3.6　Llama 3 及其量化模型的部署

3.6.1　Llama 3 常规模型部署

本节示例展示了如何使用魔搭社区提供的 modelscope 库来加载和使用 Meta-Llama-3-8B-Instruct 模型，以实现文本生成任务。相比于 Hugging Face，魔搭社区支持更快的国内下载速度，更适合在本地开发与部署。

（1）导入依赖

首先导入必要的库，包括 modelscope 中的 snapshot_download、AutoModelForCausalLM 和 AutoTokenizer，以及 PyTorch 库。

```
from modelscope import snapshot_download
from modelscope import AutoModelForCausalLM, AutoTokenizer
import torch
```

（2）加载模型和分词器

使用 snapshot_download 函数下载 Meta-Llama-3-8B-Instruct 模型，然后使用 AutoModelForCausalLM 和 AutoTokenizer 类加载模型和分词器。在此过程中，指定了使用 torch.bfloat16 数据类型和 auto 设备映射策略来优化内存使用并实现设备（CPU 或 GPU）的自动选择。

```
model = AutoModelForCausalLM.from_pretrained(
    "LLM-Research/Meta-Llama-3-8B-Instruct",
    torch_dtype=torch.bfloat16,
    device_map="auto"
)
tokenizer = AutoTokenizer.from_pretrained("LLM-Research/Meta-Llama-3-8B-Instruct")
```

（3）构造对话模板

下面的代码构造了一个对话模板，其中包含系统角色和用户角色信息。系统角色定义了模型的角色，用户角色提出了请求。

```
prompt = "Give me a short introduction to large language model."
messages = [
    {"role": "system", "content": "You are a helpful assistant."},
    {"role": "user", "content": prompt}
]
```

（4）处理文本

使用 tokenizer.apply_chat_template 方法将对话消息转换为模型可以理解的格式。在此过程中，设置 tokenize=False 以避免立即对文本进行分词处理，同时将 add_generation_prompt 设置为 True，以自动添加生成提示，该提示采用模型对应的对话指令格式（包含开始符、停止符等）。

```
text = tokenizer.apply_chat_template(
    messages,
    tokenize=False,
    add_generation_prompt=True
)
```

（5）输入模型

将处理后的文本输入模型，使用 tokenizer 方法对文本进行分词处理，并转换为 PyTorch 张量格式，然后发送到指定的设备（GPU 或 CPU）。

```
model_inputs = tokenizer([text], return_tensors="pt").to(device)
```

（6）生成文本

使用 model.generate 方法生成文本，并指定新生成的最大 token 数量为 512。生成的结果仅包含新生成的 token（不包含原始输入中的 token）。

```
generated_ids = model.generate(
    model_inputs.input_ids,
    max_new_tokens=512
)
generated_ids = [
    output_ids[len(input_ids):]for input_ids, output_ids in zip(model_inputs.input_ids, generated_ids)
]
```

（7）解码和输出

最后，使用 tokenizer.batch_decode 方法将生成的 token 解码为文本，并设置跳过特殊 token。然后打印出生成的响应内容。

```
response = tokenizer.batch_decode(generated_ids, skip_special_tokens=True)[0]
print(response)
```

上述代码展示了如何使用魔搭社区的 modelscope 库来加载和使用 Meta-Llama-3-8B-Instruct 模型生成对话，让读者了解了利用该模型完成自然语言理解和生成任务的全过程。

注意　一般来说，魔搭社区下载内容的默认存储路径为 C:\Users\user\.cache\modelscope\hub，但为了便于操作，可以把模型文件夹复制到项目文件夹中，然后加载项目同目录下的模型文件夹。这种方式更契合离线部署的需求。

```
model = AutoModelForCausalLM.from_pretrained(
    "Meta-Llama-3-8B-Instruct", #模型文件夹
    torch_dtype=torch.bfloat16,
    device_map="auto"
)
tokenizer = AutoTokenizer.from_pretrained("Meta-Llama-3-8B-Instruct")
```

鉴于原版 Llama 3 为英文模型，而本书后续内容聚焦于中文场景，因而我们选用 ShareAI 社区由白菜发布、笔者参与其中的中文 Llama 3 为基础模型。

3.6.2　Llama 3 量化模型部署

大模型量化是深度学习领域中用于优化模型的一项关键技术，其核心在于将模型中的浮点数权重和激活值转换为低精度的表示形式，如 int8、int16 或 bfloat16。这一过程可以显著减少模型的内存占用，加快计算速度，并降低对硬件的要求，使得模型能够更高效地部署在资源受限的设备上，例如移动设备和嵌入式系统。

大模型量化技术通过两个主要步骤实现：首先，将模型的权重和激活值从浮点数转换为整数或有限精度的浮点数；然后，对量化后的模型进行优化，以补偿因量化而可能引入的精度损失。

常用的量化规格包括 INT8、INT16、BF16 和 FP16，每种规格都有其特定的应用场景和优缺点。INT8 量化因其极高的压缩比而受欢迎，尽管可能会牺牲一些模型精度；而 BF16 和 FP16 量化则提供了较高的数值精度，相比全精度浮点数（float32），具有更少的内存占用和更低的计算成本。

量化的优势在于减小模型、提高计算速度和降低能耗，这使得模型在移动和边缘设备上的应用成为可能。然而，量化也带来了挑战，包括可能的精度损失、量化模型的额外调试需求，以及对硬件支持的依赖。为了实现量化模型的最佳性能，研究者和开发者需要仔细考虑量化策略和规格的选择，以在模型的性能和效率之间找到恰当的平衡点。

1. 基于 BitsAndBytes 的量化

BitsAndBytes 是一个开源的模型量化框架，它提供了一整套工具和方法来实现深度学习模型的高效量化。该框架支持多种量化策略，包括对称量化、非对称量化和每层量化等。它还提供了量化感知训练（Quantization-Aware Training，QAT）功能，这是一种在训练过程中模拟量化效果的技术，可确保量化后的模型能够保持较高的准确率。此外，BitsAndBytes 还支持量化模型的转换和部署，使其能够在不同的硬件平台上高效运行。在部署阶段，BitsAndBytes 提供了灵活的接口和工具，帮助开发者将量化模型轻松地集成到各种应用中。通过使用 BitsAndBytes，开发者可以降低模型存储和计算资源消耗的同时，保持甚至提高模型的性能，这对于资源受限的设备和实时应用场景尤为重要。

下面的示例展示了如何使用 BitsAndBytes 和 transformers 库加载一个已量化的 Llama 3 中文模型（8B 参数）并进行推理。

（1）导入必要的库

下面的代码导入了必要的库，包括 modelscope 和 transformers 库中的模型和分词器，以及 PyTorch 库，用于模型加载和运行。

```
from modelscope import AutoModelForCausalLM, AutoTokenizer
```

```
import torch
from transformers import AutoTokenizer, AutoModelForCausalLM, BitsAndBytesConfig
```

（2）设置设备

下面的代码设置了模型加载的设备为 CUDA，即 GPU，以便利用 GPU 加速模型的计算。

```
device = "cuda"  # the device to load the model onto
```

（3）加载模型和分词器

下面的代码首先定义了模型的路径，然后创建了一个 BitsAndBytesConfig 配置对象，用于指定量化配置（4 位量化，采用半精度浮点数进行计算），接着通过 AutoTokenizer 和 AutoModelForCausalLM 从预训练模型加载分词器和模型，并将模型自动分配到 GPU 上运行。

```
model_id = ../../../llama-3-chinese-8b-instruct-v3
quantization_config = BitsAndBytesConfig(
    load_in_4bit=True,
    bnb_4bit_compute_dtype=torch.float16
)
tokenizer = AutoTokenizer.from_pretrained(model_id)
model = AutoModelForCausalLM.from_pretrained(
    model_id,
    quantization_config=quantization_config,
    device_map="auto",
)
```

（4）准备输入并生成响应

下面的代码首先定义了一个提示（prompt），然后创建了一个消息列表，以此模拟对话场景。接着，利用分词器将这些消息转换为模型可以理解的格式，并生成模型的输入数据。之后，调用模型的 generate 方法生成响应，在此过程中设置了最大生成的新令牌数为 512。最后，使用分词器将生成的令牌解码回文本形式，并打印输出。

```
prompt = "Give me a short introduction to large language model."
messages = [
    {"role": "system", "content": "You are a helpful assistant."},
    {"role": "user", "content": prompt}
]
text = tokenizer.apply_chat_template(
    messages,
    tokenize=False,
    add_generation_prompt=True
```

```
)
model_inputs = tokenizer([text], return_tensors="pt").to(device)

generated_ids = model.generate(
    model_inputs.input_ids,
    max_new_tokens=512
)
generated_ids = [
    output_ids[len(input_ids):]for input_ids, output_ids in zip(model_inputs.input_ids, generated_ids)
]

response = tokenizer.batch_decode(generated_ids, skip_special_tokens=True)[0]
print(response)
```

整体来看，上述示例展示了如何使用量化技术加载和运行一个大规模的语言模型，以及如何通过对话的形式与模型交互，并生成响应内容。

2. 基于 GPTQ 的量化

GPTQ（Gradient-based Post-Training Quantization）是一种先进的量化感知训练技术，它通过在训练过程中模拟量化操作来优化模型的量化版本，使得模型在量化到较低位宽（如 int8）时，性能能够得到显著提升。在量化感知训练阶段，GPTQ 会在模型的前向传播中插入量化和反量化操作。在反向传播阶段，它会考虑量化误差，并据此调整模型权重以保持性能。

要实施 GPTQ，需要为模型配置量化参数（如位宽和量化策略）。这些参数可以通过量化框架的 API 进行设置。完成量化感知训练后，通常还需要对模型进行微调，以便在特定的量化配置下进一步优化模型性能。

最终，经过 GPTQ 量化和微调的模型可以部署到支持量化操作的硬件平台上，从而实现模型的高效运行。

下面的示例展示了如何使用 GPTQ 算法进行模型量化，以及量化模型的使用方法。

（1）导入必要的库

下面的代码导入了 auto_gptq 库中的 AutoGPTQForCausalLM 和 BaseQuantizeConfig，以及 transformers 库中的 AutoTokenizer。

```
from auto_gptq import AutoGPTQForCausalLM, BaseQuantizeConfig
from transformers import AutoTokenizer
```

（2）加载预训练模型和分词器

下面的代码首先定义了预训练模型的名称，并创建了一个量化配置对象，指定了量化的位宽为 4 位以及量化组的大小为 128。然后，使用这个配置加载了预训练模型和分词器。

```
pretrained_model_name = "llama-3-chinese-8b-instruct-v3"
quantize_config = BaseQuantizeConfig(bits=4, group_size=128)
model = AutoGPTQForCausalLM.from_pretrained(pretrained_model_name, quantize_config)
tokenizer = AutoTokenizer.from_pretrained(pretrained_model_name)
```

（3）量化模型

下面的代码通过将一些示例输入内容传递给模型来执行量化操作。这是量化感知训练的一部分，模型会根据这些输入内容调整权重。

```
examples = [
    tokenizer(
        "auto-gptq is an easy-to-use model quantization library with user-friendly apis, based
        on GPTQ algorithm."
    )
]
model.quantize(examples)
```

（4）保存量化模型

量化模型和分词器被保存到指定的目录中，以便后续使用。

```
quantized_model_dir = "llama-3-chinese-8b-instruct-v3-GPTQ-INT4"
model.save_quantized(quantized_model_dir, use_safetensors=True) #生成的模型名称应为 model.safetensors
tokenizer.save_pretrained(quantized_model_dir)
```

（5）加载量化模型和分词器

下面的代码加载了之前保存的量化模型和分词器，并设置模型加载到 GPU 上。

```
from transformers import AutoModelForCausalLM, AutoTokenizer
device = "cuda" # the device to load the model onto

model = AutoModelForCausalLM.from_pretrained(
    "llama-3-chinese-8b-instruct-v3-GPTQ-INT4",
    torch_dtype="auto",
    device_map="auto"
)
tokenizer = AutoTokenizer.from_pretrained("llama-3-chinese-8b-instruct-v3-GPTQ-INT4")
```

（6）准备输入并生成响应

下面的代码首先定义了一个提示，并创建了一个消息列表来模拟对话场景。然后，使用分词器处理这些消息，并生成模型的输入数据。模型使用这些输入数据生成令牌，最后将生成的令牌解码为文本形式并打印输出。

```
prompt = "介绍一下你自己."
messages = [
    {"role": "system", "content": "You are a helpful assistant."},
    {"role": "user", "content": prompt}
]
text = tokenizer.apply_chat_template(
    messages,
    tokenize=False,
    add_generation_prompt=True
)
model_inputs = tokenizer([text], return_tensors="pt").to(device)

generated_ids = model.generate(
    model_inputs.input_ids,
    max_new_tokens=512
)
generated_ids = [
    output_ids[len(input_ids):]for input_ids, output_ids in zip(model_inputs.input_ids, generated_ids)
]

response = tokenizer.batch_decode(generated_ids, skip_special_tokens=True)[0]
print(response)
```

3. 基于 AWQ 的量化

AWQ（Adaptive Weight Quantization）是一种动态量化技术，旨在提高量化模型的精度和效率。与传统静态量化方法不同，AWQ 通过在训练过程中动态调整量化策略来适应模型的权重分布，进而实现更优的性能。在 AWQ 机制下，权重的量化位宽可以根据其在模型中的重要程度和分布特性进行自适应调节。这意味着对于模型中更重要或分布更广泛的权重，AWQ 可能会分配更多的位宽，而对于不那么重要或分布较集中的权重，则可能使用较少的位宽。这种自适应量化策略使得 AWQ 能够在保持模型精度的同时，有效降低模型的存储需求和计算开销。AWQ 的关键优势体现在灵活性和高效性上。通过自适应调整量化位宽，AWQ 能够在不同的硬件和应用场景中实现更出色的性能表现和资源利用效果。

此外，AWQ 支持多种量化策略，包括对称量化和非对称量化，同时兼容不同的量化位宽，如 INT8、INT16 等。这种特性使其能够灵活适配不同的模型和应用需求。总的来说，AWQ 凭借其自适应量化策略，为深度学习模型的量化提供了一种高效且灵活的解决方案。它有助于在资源受限的环境中部署高性能模型，同时确保或进一步提高模型的精度和响应速度。

下面的示例展示了如何使用 AWQ（Adaptive Weight Quantization）算法进行模型量化，以及量化模型的使用方法。

（1）导入必要的库

下面的代码导入了 transformers 库中的 AutoModelForCausalLM 和 AutoTokenizer，用于加载和运行预训练的量化模型。

```
from transformers import AutoModelForCausalLM, AutoTokenizer
```

（2）设置设备

下面的代码设置了模型加载的设备为 CUDA，即 GPU，以便利用 GPU 加速模型的计算。

```
device = "cuda"  # the device to load the model onto
```

（3）加载量化模型和分词器

下面的代码加载了之前保存的量化模型和分词器，并设置模型自动分配到 GPU 上。

```
model = AutoModelForCausalLM.from_pretrained(
    "llama-3-chinese-8b-instruct-v3-AWQ-INT4",
    torch_dtype="auto",
    device_map="auto"
)
tokenizer = AutoTokenizer.from_pretrained("llama-3-chinese-8b-instruct-v3-AWQ-INT4")
```

（4）准备输入并生成响应

下面的代码在定义一个提示，并创建一个消息列表来模拟对话场景后，同样会使用分词器处理这些消息，并生成模型的输入数据。模型最后将使用这些输入数据生成的令牌解码为文本形式并打印输出。

```
prompt = "介绍一下你自己."
messages = [
    {"role": "system", "content": "You are a helpful assistant."},
    {"role": "user", "content": prompt}
]
text = tokenizer.apply_chat_template(
    messages,
    tokenize=False,
    add_generation_prompt=True
)
model_inputs = tokenizer([text], return_tensors="pt").to(device)

generated_ids = model.generate(
    model_inputs.input_ids,
```

```
        max_new_tokens=512
)
generated_ids = [
        output_ids[len(input_ids):]for input_ids, output_ids in zip(model_inputs.input_ids, generated_ids)
]

response = tokenizer.batch_decode(generated_ids, skip_special_tokens=True)[0]
print(response)
```

（5）导入必要的库

下面的代码导入了 awq 库中的 AutoAWQForCausalLM，以及 transformers 库中的 AutoTokenizer。

```
from awq import AutoAWQForCausalLM
from transformers import AutoTokenizer
```

（6）加载预训练模型和分词器

下面的代码首先定义了预训练模型的名称，并创建了一个量化配置字典，指定了量化的位宽为 4 位、量化组的大小为 128 等参数。然后，使用这个配置加载了预训练模型和分词器。

```
pretrained_model_name = "llama-3-chinese-8b-instruct-v3"
quant_config = { "zero_point": True, "q_group_size": 128, "w_bit": 4, "version": "GEMM" }
model = AutoAWQForCausalLM.from_pretrained(pretrained_model_name, quant_config)
tokenizer = AutoTokenizer.from_pretrained(pretrained_model_name)
```

（7）量化模型

下面的代码通过将一些示例输入内容传递给模型来执行量化操作。这是量化感知训练的一部分，模型会根据这些输入内容调整权重。

```
model.quantize(tokenizer,quant_config=quant_config,calib_data=pile-val-backup,split="validation")
```

（8）保存量化模型

下面的代码用于将量化模型和分词器保存到指定的目录中，以便后续使用。

```
quantized_model_dir = "llama-3-chinese-8b-instruct-v3-AWQ-INT4"
model.save_quantized(quantized_model_dir) #生成的模型名称应为model.safetensors
tokenizer.save_pretrained(quantized_model_dir)
```

3.7 LoRA、P-Tuning、SFT、DPO、PPO 等各种增量微调技术

本节将系统梳理当下主流的几种增量微调技术，包括 SFT、LoRA、P-Tuning、DPO 以及

PPO。这些技术在资源有限的条件下，为大模型的高效适配提供了有效路径。它们在语言理解、文本生成、对话优化等场景中具有广泛的应用价值，能够以最小的计算与存储开销实现模型性能的精细化提升。

SFT 是一种直接的模型微调技术，它通过在特定任务的数据集上对预训练模型继续开展训练来实现微调。在使用 SFT 的过程中，模型的权重会根据任务特定的数据进行更新，从而提升模型在该任务上的性能表现。SFT 的优势在于简单、直接，它不需要复杂的算法或额外的参数，只需要在任务数据上进行额外的训练即可。不过，使用 SFT 也存在过拟合的风险，尤其是在数据量较小的情况下。为缓解这一问题，可以采用正则化技术、早停策略等手段进行优化。SFT 是一种广泛使用的微调技术，适用于各种监督学习任务，涵盖分类、回归、序列标注等。

LoRA 是一种高效的模型微调技术，其核心思想是在预训练模型的权重矩阵中引入低秩结构，从而实现参数的增量更新。具体而言，该技术会在权重矩阵中添加或乘以一个小的低秩矩阵，以便在不显著增加模型参数数量的情况下，对模型进行有效微调。LoRA 通过这种方式显著减少了微调过程中的参数更新数量，进而降低了计算资源的消耗。不仅如此，LoRA 还可以与量化技术结合使用，进一步提升模型的部署效率。LoRA 的应用场景十分广泛，包括但不限于自然语言处理、计算机视觉等领域。它为大规模预训练模型的快速适配提供了一种有效的解决方案。

P-Tuning 是一种基于插值的模型微调技术，它通过在预训练模型的参数空间中进行插值搜索，来寻找最优的微调参数。与传统的微调技术相比，P-Tuning 不需要对模型的每个参数都进行更新，而是借助插值的方式快速找到最佳的参数组合。这种技术可以显著减少微调过程中的计算量，同时维持模型的性能表现。P-Tuning 的关键之处在于插值策略的设计，该策略需要在保持模型性能的前提下，尽可能减少参数更新的数量。P-Tuning 适用于各种深度学习模型，特别是在资源受限或需要快速部署的场景下，它提供了一种高效的微调方案。

DPO 是一种基于提示学习的微调技术，它通过在模型输入中引入特定的提示，并对这些提示进行优化来实现微调。DPO 的核心思想是，借助精心设计的提示，引导模型更好地理解和处理特定任务。在 DPO 中，提示被视为模型参数的一部分，通过优化这些提示，可以在不显著增加模型参数的情况下，实现对模型的微调。DPO 的优势体现在灵活性和可解释性上，它允许研究人员和开发者通过设计提示来控制模型的行为。DPO 适用于各种自然语言处理任务，涵盖文本分类、情感分析、问答系统等。

PPO 是一种强化学习算法，主要用于优化智能体在环境中的行为策略。与传统的强化学习算法相比，PPO 在更新策略时引入了一种特殊的裁剪机制，这一机制可以减少策略更新的步长，进而提升算法的稳定性。PPO 的关键优势在于它能够在保持策略更新方向正确性的同时，避免因过大的更新导致性能下降。此外，PPO 还支持离策略学习，这意味着它可以从多个策略生成的数据中汲取知识进行学习，从而进一步提高学习效率。PPO 适用于各种复杂的强化学习环境，包括游戏、机器人控制、推荐系统等。通过 PPO 可以有效地优化智能体的行为策略，提升其在相应环境中的表现。

3.8　基于 PEFT 库使用 LoRA 对 Llama 3 进行微调

在深度学习领域，微调是一种常见技术，主要用于将预训练模型适配到特定的下游任务中。本节将详细解析一个使用 LoRA 对 Llama 3 进行微调的脚本。该脚本依托于笔者改进后的 PEFT 扩展库 Ringpeft 实现。这个脚本专门针对 GPT4 生成的中文 Alpaca 数据集进行微调，旨在提高模型在特定任务上的性能。

（1）环境设置和依赖导入

脚本的起始部分包含了一系列必要的导入语句和环境设置。首先，通过 import 语句导入了脚本运行所需的库，包括 os、sys、fire、torch、transformers 和 datasets 等。这些库为模型加载、数据处理和训练提供了必要的工具。

```
import os
import sys
from typing import List

import fire
import torch
import transformers
from datasets import load_dataset
```

（2）使用 LoRA 进行微调的前提条件

在使用 LoRA 进行微调之前，脚本会通过 assert 语句检查 transformers 库中是否包含 Llama 的必要组件，以确保微调环境的正确性。

```
assert ("LlamaTokenizer" in transformers._import_structure["models.llama"]), "Llama is now in HuggingFaces main branch.\nPlease reinstall it: pip uninstall transformers && pip install git+https://github.com/huggingface/transformers.git"
```

（3）Ringpeft 库的导入

在脚本中导入修改版的 PEFT 库（Ringpeft），这个库提供了使用 LoRA 进行微调所需的配置和工具函数。

```
from Ringpeft import (
    LoraConfig,
```

```
        get_peft_model,
        get_peft_model_state_dict,
        prepare_model_for_int8_training,
        set_peft_model_state_dict,
    )
```

（4）设备设置

在脚本中指定模型加载的设备为 cuda:0，即 GPU 的第一个设备，以利用 GPU 的计算能力加速训练过程。

```
    device = "cuda:0" # the device to load the model onto
```

（5）微调函数定义

在脚本中定义了一个名为 train 的函数，用该函数封装微调过程中的所有步骤。train 函数的参数包括模型和数据路径、输出目录、批量大小、微批量大小、训练周期数、学习率、截断长度、LoRA 超参数、训练数据集大小、是否训练输入、是否按长度分组、Wandb（一个用于实验跟踪和可视化的工具）的参数，以及是否从检查点恢复训练。

```
    def train(
        base_model: str = "llama-3-chinese-8b-instruct-v3",
        data_path: str = "./alpaca_gpt4_data_zh.json",
        output_dir: str = "./lora-out",
        batch_size: int = 128,
        micro_batch_size: int = 4,
        num_epochs: int = 100,
        learning_rate: float = 3e-4,
        cutoff_len: int = 1024,
        val_set_size: int = 1,
        lora_r: int = 8,
        lora_alpha: int = 16,
        lora_dropout: float = 0.05,
        lora_target_modules: List[str] = ["q_proj", "k_proj", "v_proj", "o_proj"],
        train_on_inputs: bool = True,
        group_by_length: bool = False,
        wandb_project: str = "",
        wandb_run_name: str = "",
        wandb_watch: str = "",
        wandb_log_model: str = "",
        resume_from_checkpoint: str = None,
    ):
```

（6）模型和分词器的加载

在加载环节，首先加载预训练的 Llama 3 和对应的分词器，然后通过指定 device_map 参数为 cuda:0，确保将模型加载到 GPU 上。

```
model = AutoModelForCausalLM.from_pretrained(
    base_model,
    load_in_8bit=False,
    torch_dtype=torch.float16,
    device_map="cuda:0",
)
tokenizer = AutoTokenizer.from_pretrained(base_model)
```

（7）分词器的配置

在脚本中对分词器进行配置（包括设置 pad_token_id 和 padding_side），以适应模型的输入要求。

```
tokenizer.pad_token_id = 0
tokenizer.padding_side = "left"
```

（8）数据预处理

在脚本中定义 tokenize 和 generate_and_tokenize_prompt 函数，这两个函数用于将输入数据转换为模型可以理解的格式，它们会进行数据的截断、填充和标记化等操作。

```
python
def tokenize(prompt, add_eos_token=True):
    result = tokenizer(
            prompt,
            truncation=True,
            max_length=cutoff_len,
            padding=False,
             return_tensors=None,
        )
    # ...
```

（9）LoRA 配置和模型准备

使用 Ringpeft 库中的 LoraConfig 类创建 LoRA 配置对象，并使用 get_peft_model 函数将 LoRA 的相关配置应用到模型上。此外，调用 prepare_model_for_int8_training 函数来对模型进行 8 位整数训练的准备工作。

```
config = LoraConfig(
    r=lora_r,
```

```
        lora_alpha=lora_alpha,
        target_modules=lora_target_modules,
        lora_dropout=lora_dropout,
        bias="none",
        task_type="CAUSAL_LM",
)
model = get_peft_model(model, config)
```

（10）数据加载和验证集分割

根据提供的路径加载数据集，并根据 val_set_size 参数决定是否分割出验证集。

```
data = load_dataset("json", data_files=data_path)
if val_set_size > 0:
    train_val = data["train"].train_test_split(test_size=val_set_size, shuffle=True, seed=42)
    train_data = train_val["train"].shuffle().map(generate_and_tokenize_prompt)
    val_data = train_val["test"].shuffle().map(generate_and_tokenize_prompt)
else:
    train_data = data["train"].shuffle().map(generate_and_tokenize_prompt)
    val_data = None
```

（11）训练器配置

使用 transformers.Trainer 类配置训练器，包括设置批量大小、梯度累积步数、学习率、优化器等训练参数。此外，还要配置数据整理器 DataCollatorForSeq2Seq，以完成序列到序列任务。

```
trainer = transformers.Trainer(
    model=model,
    train_dataset=train_data,
    eval_dataset=val_data,
    args=transformers.TrainingArguments(
        per_device_train_batch_size=micro_batch_size,
        gradient_accumulation_steps=gradient_accumulation_steps,
        warmup_steps=100,
        num_train_epochs=num_epochs,
        learning_rate=learning_rate,
        fp16=True,
        logging_steps=10,
        optim="adamw_torch",
        evaluation_strategy="steps" if val_set_size > 0 else "no",
        save_strategy="steps",
        eval_steps=200 if val_set_size > 0 else None,
```

```
        save_steps=200,
        output_dir=output_dir,
        save_total_limit=3,
        load_best_model_at_end=True if val_set_size > 0 else False,
        ddp_find_unused_parameters=False,
        group_by_length=group_by_length,
        report_to="wandb" if use_wandb else None,
        run_name=wandb_run_name if use_wandb else None,
    ),
    data_collator=transformers.DataCollatorForSeq2Seq(
        tokenizer, pad_to_multiple_of=8, return_tensors="pt", padding=True
    ),
)
```

（12）模型训练和保存

调用训练器的 train 方法开始训练，并在训练结束后保存模型到指定的输出目录。

```
trainer.train(resume_from_checkpoint=resume_from_checkpoint)
model.save_pretrained(output_dir)
```

上述脚本展示了如何基于 Ringpeft 库使用 LoRA 对 Llama 3 进行微调，以适配中文 Alpaca 数据集。通过一系列步骤，该脚本构建了一个完整的微调流程。微调技术可以显著提高模型在特定任务上的性能，并保持参数数量的增加在可控范围内。微调的结果为 adapter_model.bin 权值文件。

注意　上面的微调代码通用性较强，基本可覆盖 Llama 1 到 Llama 3 等多个版本，甚至对于未来的模型版本，也可以使用这种方法进行微调。在配备 RTX 4090 显卡的环境下，微调 Alpaca 数据集通常仅需数个小时。另外，该方法同样适用于 Qwen 等其他模型，感兴趣的读者可以尝试，关键在于对 LoRA 目标模块 lora_target_modules 进行恰当的设置，如：

```
lora_target_modules: List[str] = [
        "q_proj",
        "k_proj",
        "v_proj"]
```

核心篇

第 **4** 章　提示工程技术与应用

本章将进入提示工程这一精彩领域，深入探索如何通过巧妙构思的提示引导大模型完成复杂的任务。提示工程不仅是一种输入设计艺术，还是一种策略性思维方式。通过系统性的策略组合与工程化实践，我们将能够有效激发模型的潜能，提升其在具体应用场景中的响应质量与处理效率。

4.1　提示工程的思维链与策略技巧

提示工程是一门新兴的学科，致力于开发和优化提示词，以帮助用户更好地利用大模型解决特定问题。这项技术在自然语言处理领域中变得越来越重要，因为它能够在不修改模型本身的情况下，仅通过调整输入提示就可以提升模型的性能和准确性。

在提示工程的众多策略中，思维链（Chain of Thought，CoT）尤为有效。思维链通过模拟人类解决问题时的思考过程，使大模型能够执行更为复杂的推理任务。这种策略要求模型在给出最终答案之前，先生成一系列具有逻辑性的中间推理步骤，从而将复杂问题分解为多个更小、更易于处理的子问题。这种分步推理的方式不仅提升了模型在算术推理、常识推理和符号推理等任务上的性能，也增强了模型输出结果的可解释性。

2024 年 9 月，OpenAI 推出了全新大模型 o1，该模型在处理复杂推理任务方面表现出色。o1 模型基于内化思维链学习机制，能够在回答问题之前进行深入思考，其性能会随着强化学习次数的增多和思考时间的延长而持续提升。这种模型在数学、编程、物理和化学等博士级难题上的表现尤为突出，展现了思维链在提升模型推理能力方面的核心价值。思维链之所以成为关键，在于它不仅提升了模型的性能，还增强了模型的可解释性，为调试推理路径中的错误提供了契机。此外，思维链也为创建指令式数据集提供了一种有效途径。我们通过收集模型在解决复杂问题时生成的思维链，可以构建一个丰富的数据集，从而进一步训练和优化模型。

尽管思维链技术在提升模型性能方面展现出巨大潜力，但也面临着挑战。比如它在小规模模型中的应用受限，且在推理过程中可能会出现错误。未来的研究需要探索如何在较小规模的模型中实现有效推理，以及如何降低思维链技术在实际应用中的成本。

总的来说，思维链作为提示工程技术中的关键组成部分，通过模拟人类的思考过程，显著提升了大模型在复杂推理任务中的表现，同时也为创建更智能、更可解释的人工智能系统提供了可能。

注意 o1 模型中的一项重要技术是将强化学习算法融入大模型的训练过程中。演员-评论家算法和前面提到的 PPO 策略都属于强化学习算法范畴，感兴趣的读者可自行查阅资料学习。

提示工程堪称与大模型交互的艺术，它聚焦于设计和优化输入提示，以此引导模型生成符合预期的输出。以下是一些基本的策略技巧，掌握它们有助于更有效地运用提示工程。

1. 明确"要做什么"而非"不要做什么"

在构建提示时，应清晰地向模型表达预期行为，而不是仅仅罗列禁止事项。正向表达可以减少模型理解偏差，增强指令执行的确定性。例如，在推荐电影的场景中，直接告诉模型你想要看的电影类型，会比让模型询问你的偏好更为有效。

请对比以下两种提示。

效果欠佳的提示：请给我推荐一部电影。

更优的提示：请从全球热度最高的电影中推荐一部给我。

分析：前者缺乏足够的上下文信息，可能会导致模型反问用户或推荐不相关的内容；后者通过限定推荐范围，明确了任务边界，从而提升了响应效率。

2. 增加示例

当文字描述不足以清晰传达你的需求时，提供一些示例可以帮助模型理解你的意图。例如，在给宠物起名字时，提供一些你希望模型参考的名字。

请对比以下两种提示。

效果欠佳的提示：为一匹如同超级英雄的马取三个名字。

更优的提示：为一匹如同超级英雄的马取三个名字。动物示例为猫。名字示例为锐爪队长、绒毛特工、不可思议的猫侠。

分析：更优提示中通过展示"猫"的命名风格，为给"马"命名提供了清晰的参考，可帮助模型生成更具一致性的答案。

3．使用引导词触发模型进入任务状态

在需要模型执行特定任务时，使用引导词可以提示模型开启任务执行流程。例如，在代码生成场景中，可以在提示的最后添加代码的开头部分，像 SELECT 或 import 这类语句。

参考提示：请创建一个 MySQL 查询语句，用于找出所有计算机科学系的学生。

```
Table departments, columns = [DepartmentId, DepartmentName]Table students, columns = [DepartmentId,
StudentId, StudentName] SELECT
```

分析：提示结尾处的 SELECT 明确表明生成的内容应为 SQL 查询语句，有效减少了模型理解上的歧义。

4．引入角色设定以控制风格与语气

在提示中添加角色或人物设定，可以帮助模型生成更契合特定风格或背景的内容。例如，让模型以小学老师的身份改写复杂的句子，使其更易于儿童理解。

参考提示：你是一位小学教师，擅长将复杂内容讲解得通俗易懂。请将下列句子改写为适合 7 至 8 岁儿童理解的语言。

（具体句子略）

分析：指定"小学教师"这一角色设定，能引导模型采用简明易懂的语言风格，便于儿童理解。

5．使用特殊符号指令

使用特殊符号将指令和需要处理的文本分隔开，可以帮助模型更准确地理解任务。例如，使用引号或井号来分隔指令和文本。

请对比以下两种提示。

效果欠佳的提示：请总结以下句子，使其更易理解。

更优的提示：请总结句子"波士顿倾茶事件是一场具有重大象征意义的行动。"，使其更易理解。

分析：使用引号明确了需要处理的文本，这有助于模型判断任务边界，从而提高响应的准确性。

6．通过格式词阐述需要输出的格式

在需要模型按照特定格式输出内容时，应明确指出期望的格式。例如，要求模型对文章进行主题总结，并以列表的形式输出每个主题的主要观点。

参考提示：请总结下列文章的主要观点，并按照以下格式输出。

主题一：<主题名称 1> <要点 1>

主题二：<主题名称 2> <要点 2>

（具体文章略）

分析：结构性提示使模型的输出更具一致性和可解析性，尤其适合后续的自动化处理流程。

7. 结构化输出

要求模型以结构化的格式（如 JSON）进行输出，可以提高输出的可用性，方便后续处理。

参考提示：这里提到的债券久期是多少？

输出格式（有效的 JSON 格式）：

```
{"久期": $年化数值, "置信度": $高_中_低_三档}
```

分析：结构化输出是大模型工程化部署的基础，尤其适合自动提取信息、知识图谱构建等任务场景。

注意　结构化输出对于大模型的工程化应用至关重要，它是实现意图识别的关键所在。实际应用中，通常采用 JSON 格式来规范输出内容。

---

8. 递归提示

递归提示是一种将复杂问题拆解为多个更小、更易处理的子问题，并通过一系列提示递归地解决这些子问题的方法。

参考提示：要解这个数学题，请先求出 x 的值，然后利用该值求出 y 的值。

分析：通过分步骤提示，模型可更稳定地完成多阶段任务，提高推理的准确性，并减少错误的传播。

9. 混合使用思维链与递归提示

结合使用思维链和递归提示，可以有效处理需要多步骤推理的问题。

参考提示：要计算圆的面积，第一步请先求出半径，然后代入公式 $A = \pi \times r^2$ 进行计算。

分析：此类提示不仅有助于模型理清逻辑路径，还便于检查和调试模型的推理过程，从而提高模型输出的可解释性。

10. 利用角色扮演

通过让模型扮演特定角色，可以生成更具个性化和符合特定背景风格的内容。

参考提示：请你扮演著名作家大卫·福斯特·华莱士，重新写一遍下面这段文字，使其更具该作家的文风。

（具体文字略）

分析：通过角色设定，模型能够模仿对应人物的语言风格或使用其惯用的专业术语，这适合写作风格迁移与内容创意生成。

11．明确指令与文本

使用特殊符号或特定格式来分隔指令和文本，有助于模型区分任务和输入内容。

参考提示：请提供有关如何完成 [任务] 的逐步指南。

原始文本如下：……

分析：通过明确区分指令和文本，用户可协助模型理解哪些部分是任务要求，哪些部分是需要处理的数据，进而提高处理的准确性。

12．利用上下文学习

在提示中提供充足的上下文信息，可以帮助模型更好地理解任务，并生成更准确的输出。

参考提示：基于美国南北战争的历史背景，对电影《冷山》中英曼与埃达·门罗（Ada Monroe）的个人命运做出几种推演。

分析：提供丰富的上下文信息可以帮助模型更好地理解任务的背景和要求，从而生成更准确且相关的输出。

掌握这些基本的策略技巧，可以更有效地与大模型交互。无论是生成文本、解决问题还是执行特定任务，都能获得更好的结果。记住，提示工程是一个持续学习和实验的过程，不断优化你的提示将帮助你充分利用大模型的能力。

4.2　Llama 3 利用提示工程策略完成自然语言处理任务

本节将深入探讨提示工程在自然语言处理任务中的应用。提示工程通过精心设计的输入提示来引导大模型生成特定的输出，这种方法在自然语言处理领域应用得越来越广泛。下面将通过一系列具体的应用范例来展示提示工程的强大功能，并分析大模型（如 Llama 3）相比传统模型（如 BERT）的优势。

（1）命名实体识别

命名实体识别是自然语言处理中的一项基础任务，旨在识别文本中出现的人名、地点、组织和其他实体。在 Llama 3 中，可以参考以下范例来执行命名实体识别任务。

提示：请识别并列出以下文本中出现的所有特定类型的实体。

文本：苹果公司创始人史蒂夫·乔布斯在加利福尼亚的帕洛阿尔托开始了这段旅程。

输出：

人名：史蒂夫·乔布斯

组织：苹果公司

地点：加利福尼亚、帕洛阿尔托

优势：Llama 3 能够利用其强大的语言理解能力更好地把握上下文信息，从而减少对大量标注数据的依赖，提高实体识别的准确性。

（2）文本摘要

文本摘要任务要求模型将长篇文本压缩成简短的摘要。在 Llama 3 中，可以参考以下范例来实现高效的摘要生成。

提示：将以下段落压缩成一句话摘要。

文本：最近的研究表明，通过改善饮食习惯和增加锻炼，可以显著降低心脏病的发病率。研究还发现，心理健康同样对心脏健康有着不可忽视的影响。

输出：研究表明，改善饮食、增加锻炼及关注心理健康可显著降低心脏病风险。

优势：Llama 3 能够生成更加流畅和自然的摘要内容，而不是简单地提取关键词。

（3）情感分析

情感分析是一项判断文本情绪倾向的任务。在 Llama 3 中，可以参考以下范例进行情感分析。

提示：判断以下推文的情绪是正面还是负面。

文本：这款新手机的相机质量真是不可思议！

输出：正面

优势：Llama 3 能够捕捉到细微的情感差异，从而实现更准确的情绪分类。

（4）问答系统

问答系统是自然语言处理中的一个重要应用，在 Llama 3 中，可以参考以下范例来回答问题。

提示：根据上文回答以下问题。

文本：2024 年，月球基地迎来了第一批长期居住的宇航员。

问题：月球基地是在哪一年建立的？

输出：2024 年

优势：Llama 3 能够更好地理解复杂的查询，并提供更准确、更全面的答案。

（5）机器翻译

机器翻译任务要求模型将文本从一种语言翻译成另一种语言。在 Llama 3 中，可以参考以下范例来执行翻译任务。

提示：将以下句子从英语翻译成法语。

文本：See you tomorrow at the library.

输出：Au revoir demain à la bibliothèque.

优势：Llama 3 能够生成更符合语言习惯的译文，有效减少直译带来的语义偏差和表达生硬问题。

（6）文本分类

文本分类任务用于将文本内容分配到预定义的类别中。在 Llama 3 中，可以参考以下范例进行文本分类。

提示：将以下新闻标题归类到合适的主题类别中。

文本：火星探测器成功着陆，开启新的探索任务。

输出：科技/太空探索

优势：Llama 3 能够识别出细微的语义差别，从而实现更精准的分类。

（7）对话系统

对话系统是自然语言处理领域用于模拟人类对话的应用。在 Llama 3 中，可以参考以下范例构建对话系统。

提示：模拟一个旅行社代理，回答以下问题。

问题：我想去一个温暖的海岛度假，有什么建议吗？

输出：当然，您可以考虑前往夏威夷或马尔代夫，这两个地方都是著名的热带度假胜地。

优势：Llama 3 能够生成更自然、更人性化的回答，可显著提高用户满意度。

（8）代码生成

代码生成是自然语言处理领域的一个高级应用，要求模型根据自然语言描述生成正确的代码。在 Llama 3 中，可以参考以下范例执行代码生成任务。

提示：编写一个函数来计算两个数字的和。

指定语言：Python

输出：

```
def add_numbers(a, b):
return a + b
```

优势：Llama 3 能够生成结构清晰、语法正确的代码，并能处理更复杂的编程任务。

通过本节的探讨可以看出，提示工程在自然语言处理任务中具有广泛的应用价值，它不仅能够提升模型的性能，还能够扩展模型的应用范围。相较于传统模型，Llama 3 在少样本学习、多任务处理和上下文理解方面具有显著优势。精心设计提示可以更好地利用这些优势，从而更高效地解决实际问题。

4.3　构建多角色的 GPT 应用：Llama 3 的提示工程实践

本节将探讨如何基于提示工程技术，在 Llama 3 的基础上构建不同角色或工具类型的

GPT 应用。这些应用可以部署于 GPT 应用市场中，服务于各类垂直领域的用户。设计符合角色语境的提示模板，可以充分发挥 Llama 3 的专业能力，从而实现多样化的实用功能。

以下为若干典型角色的应用范例。

1．健康顾问

提示：作为一位经验丰富的健康顾问，你会如何建议改善用户的生活方式？

输出：为了改善您的生活方式，我建议您每天保持至少 30 分钟的中等强度运动，比如快走、游泳或骑自行车。同时，均衡饮食也非常重要，应多吃蔬菜和水果，少吃加工食品和高糖食品。确保每晚获得 7 至 9 小时的高质量睡眠，并尽量减少压力。

2．金融分析师

提示：作为一位专业的金融分析师，结合最新的经济报告将预测下个季度的股市走势？

输出：考虑到当前的低利率环境和经济复苏的迹象，预计下个季度股市将保持稳定增长。然而，需要注意的是，通货膨胀和地缘政治风险可能会对市场产生负面影响。建议投资者保持多元化投资组合，并密切关注相关经济指标。

3．软件工程师

提示：你是一位专业的软件工程师，描述一下如何优化数据库查询性能。

输出：想要优化数据库查询性能，首先应该建立合适的索引来加快查询速度。其次，避免在 WHERE 子句中使用复杂的表达式，这会减慢查询速度。此外，使用查询缓存可以减少对数据库的重复访问。定期清理和维护数据库也是提升性能的重要措施。

4．营销专家

提示：作为一位资深的营销专家，你会如何设计一个新产品的推广策略？

输出：设计新产品的推广策略时，首先要明确目标市场和客户群体。利用社交媒体和搜索引擎广告进行精准营销，同时通过内容营销建立品牌故事和客户关系。考虑与行业影响者合作，借助他们的影响力扩大产品知名度。最后，通过数据分析来优化营销策略，确保投资回报率。

5．法律顾问

提示：你是一位专业的法律顾问，客户遇到了合同纠纷，你将如何提供法律建议？

输出：在处理合同纠纷时，首先要仔细审查合同条款，确定争议的法律依据。建议与对方进行协商，寻找双方都能接受的解决方案。如果协商无效，可以考虑通过调解、仲裁或诉讼来解决争议。在整个过程，确保所有行动都有法律依据，并保留好所有沟通记录。

6. 教师

提示：作为一名经验丰富的教师，你如何帮助学生提高数学成绩？

输出：想要帮助学生提高数学成绩，首先要了解他们在哪些概念上存在困难。通过个性化教学计划来满足他们的学习需求。鼓励学生通过解决实际问题来应用数学知识，这可以提高他们的学习兴趣和动力。定期进行小测验和复习，帮助学生巩固知识点。同时，提供积极的反馈和支持，增强学生的自信心。

7. 厨师

提示：你是一位著名的厨师，描述一下如何准备一道经典的法式炖菜——勃艮第红酒炖牛肉。

输出：勃艮第红酒炖牛肉是一道美味的法式菜肴。首先，将牛肉切成块，用橄榄油在锅中煎至表面金黄。然后，加入洋葱、胡萝卜、芹菜等蔬菜和大蒜炒香。接着倒入红酒、牛肉高汤和番茄酱，加入香草和香料，小火慢炖至牛肉变软。最后，根据口味调整盐和胡椒的量，出锅前可以加入一些鲜奶油增加口感。

8. 心理咨询师

提示：作为一位专业的心理咨询师，你如何帮助客户应对焦虑？

输出：帮助客户应对焦虑首先需要建立信任关系，通过倾听和同理心来理解他们的感受。教授客户一些放松技巧，如深呼吸、渐进性肌肉放松和冥想。鼓励客户进行定期的身体锻炼，这有助于减轻焦虑症状。同时，探索焦虑的根源，并提供认知行为疗法等心理治疗方法来改变不良思维模式。

通过上述范例，我们可以看到提示工程技术在模拟不同角色时的应用潜力。Llama 3 等大模型可以通过精心设计的提示扮演各种角色，并提供专业建议和解决方案。随着 Llama 3 生态与 GPT 应用市场的发展，未来将在医疗、金融、教育、法律等多个垂直领域实现更高效的智能服务部署。

4.4　多任务提示系统的构建与智能体工具链集成

本节聚焦于多任务系统的提示工程设计，并深入解析智能体（Agent）及其与工具导航之间的协作关系。本节在阐明提示工程在多任务系统中的复杂性后，会以"医生问诊"这一典型场景为例，展示如何利用标准化的操作流程模板构建完整的智能体系统。

1. 提示工程的复杂性

提示工程是一种通过精心设计的输入提示来引导语言模型生成特定输出的技术。随着自然语言处理任务日益多样化和复杂化，提示工程也变得越来越复杂。一个复杂的提示工程通常包含以下几个关键要素。

- 指令（Instruction）：明确告诉模型需要执行的任务。
- 上下文（Context）：提供充足的背景信息，帮助模型更好地理解任务。
- 输入数据（Input Data）：提供模型处理的具体数据。
- 输出指示器（Output Indicator）：指定期望的输出类型或格式。

2. 构建多任务提示系统的步骤

以模拟医生问诊为例，构建一个高效的多任务提示系统需遵循以下 7 个步骤。

1）需求分析：明确系统需要完成的任务和目标。例如，医生问诊系统须具备收集病人症状、分析可能的病因、提供初步诊断和治疗建议等功能。

2）角色定义：确定系统中的智能体角色，例如医生、病人、护士等，并为每个角色设计相应的行为和能力。

3）提示设计：针对每个角色设计提示，确保这些提示能够引导模型完成特定任务。例如，医生的提示可能包括询问症状、病史和生活方式等。

4）工具集成：确定智能体需要使用的工具，如医学数据库、诊断工具等，并将其集成到系统中。

5）流程规划：设计系统的流程，包括病人登记、病史采集、症状分析、诊断建议等。

6）实现和测试：实现系统并进行测试，确保每个步骤都能顺利执行，并且智能体能够依据提示和工具提供准确的服务。

7）优化和迭代：根据测试结果和用户反馈对系统进行优化和迭代，提升系统的准确性和用户体验。

3. 医生问诊操作流程模板示例

以下是一个医生问诊操作流程模板示例。

病人登记：收集病人的基本信息，如姓名、年龄、性别等。

提示示例：请您提供全名、年龄以及性别信息。

病史采集：询问病人的过往病史和家族病史。

提示示例：您是否有已知的过敏史或慢性疾病？您的家族是否有人患有遗传性疾病？

症状询问：详细询问病人的当前症状和持续时间。

提示示例：您能描述一下目前的症状吗？这些症状出现多久了？

生活方式评估：了解病人的生活习惯，如饮食、运动、睡眠等。

提示示例：您平时的饮食习惯是怎样的？每周大约进行多少次体育锻炼？

初步诊断：根据病人提供的信息进行初步诊断。

提示示例：根据您提供的信息，我将进行初步诊断。请稍等。

治疗建议：提供基于初步诊断的治疗建议和下一步行动。

提示示例：根据您的症状和病史，我建议您进行进一步的检查，并尝试以下治疗方法……

随访安排：安排后续的随访和治疗计划。

提示示例：我将为您安排下一次随访，请确保按时就诊。

此类操作流程模板有助于实现问诊过程的规范化管理，有效提高了诊断的准确性和效率。

4．智能体

智能体在多任务提示系统中扮演着关键角色，它们是能够自主完成任务的实体。智能体通常具备规划、记忆和工具使用等能力，这些能力使其能够在复杂任务中表现出色。

智能体的感知模块首先接收来自外部环境的信息，例如用户的询问。这些信息被传递到智能体的处理中心（即"大脑"），用于分析和推理。智能体的存储系统用于存储知识并检索相关信息，其中包含短期记忆和长期记忆。通过泛化和迁移能力，智能体可以将学到的知识应用于新情境，并通过总结和回忆来处理信息。决策制定过程基于当前信息和历史经验来选择最佳行动方案。此外，智能体还能规划如何实现目标，并且可以调用外部 API 来获取更多信息或执行任务。

图 4-1 细化了智能体的组成部分，强调了记忆、反射、工具、规划、自我反思、行动以及子目标拆解的重要性。智能体不仅能执行任务，还能通过自我反思来评估自己的行为表现。它可以调用各种工具（如日历、计算器和搜索引擎）来辅助执行任务。同时，智能体能够与其他智能体或用户进行交互和协作，以实现更复杂的目标。

智能体具备学习、记忆、规划和与环境互动的能力，它能够在各种任务和环境中表现出高度的适应性和灵活性。

5．智能体与工具导航

智能体的有效运作依赖于其访问和使用各种工具的能力。这些工具可以是 API、数据库、搜索引擎或其他任何可以增强智能体功能的服务组件。工具导航作为智能体的重要组成部分，主要涉及以下几个方面。

- 工具选择：根据当前任务的需求，选择合适的工具。
- 工具调用：掌握调用选定工具的方式，并正确传递参数。
- 结果处理：理解并解析工具返回的结果，将其整合到最终的输出中。

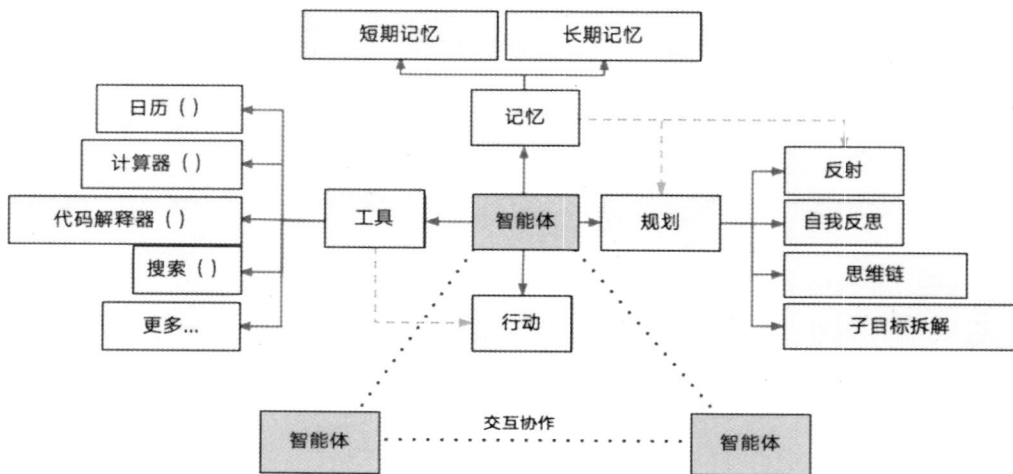

图 4-1　智能体的组成部分

假设一个智能体需要使用搜索引擎获取最新的医学研究数据，并使用数据分析工具来处理这些数据，最终生成一份报告。那么在这个过程中，智能体需要具备导航至相关工具的能力，并能够有效地使用它们。

6. 构建智能体的步骤

构建一个智能体通常包括以下步骤。

1）定义角色和能力：明确智能体需要扮演的角色和具备的能力。

2）设计提示：根据智能体的角色和能力，设计相应的提示模板。

3）集成工具：确定智能体需要使用的工具，并将其集成到系统中。

4）构建规划和执行机制：构建智能体的规划和执行机制，使其能够自主完成任务。

5）测试和优化：在实际应用中测试智能体的表现，并根据反馈进行优化。

通过本节的学习，读者将能够理解提示工程的复杂性，并掌握利用这一技术构建多任务提示系统的方法。同时，还将了解智能体的核心概念，并能够结合相关工具导航机制构建更加智能的 AI 应用。

标准化的操作流程模板有助于确保系统按照既定的步骤执行，从而提高任务的准确性和效率。智能体的能力和行为会随着应用场景的变化而变化，这为构建灵活、高效的 AI 系统提供了无限可能。随着技术的发展，智能体将在各行各业发挥越来越重要的作用。

注意　智能体已成为推动人工智能商业落地的重要形式，据调查，市面上超过 80% 的大模型应用案例均基于智能体概念进行设计与实现。

4.5　意图识别与 Agent Tool Calling

本节将探讨意图识别（Intent Recognition）与 Agent Tool Calling 的概念及其在大模型落地工程中的应用场景和重要性。

1. 意图识别

（1）意图识别的概念与定义

意图识别是自然语言处理领域的一个核心概念，旨在从用户的输入中识别并提取其表达的真实意图。在人机交互中，用户的每一句话或查询都可能包含特定的意图，比如询问信息、寻求帮助或进行交易等。意图识别可让机器理解用户的真实需求，并据此提供相应的服务或响应。

（2）意图识别的步骤

意图识别通常包含以下 4 个关键步骤。

1）语音或文本输入：用户通过语音或文本的方式提出问题或发出指令。

2）语义理解：系统对输入进行解析，理解其语义。

3）意图提取：从理解的内容中识别出用户的意图。

4）实体识别：识别出与意图相关的实体或关键信息，如时间、地点、人物等。

（3）意图识别在大模型落地工程中的应用场景

在大模型落地工程中，意图识别技术被广泛应用于各种场景，以下是几个典型场景。

- 智能客服：通过意图识别，智能客服系统能够准确理解客户的问题，并据此提供相应的答案或解决方案。
- 语音助手：语音助手通过识别用户的语音指令来执行相应的操作，如播放音乐、设置闹钟、查询天气等。
- 推荐系统：意图识别可以帮助推荐系统理解用户的需求，从而提供个性化的内容推荐。
- 命令执行：在智能家居控制系统中，意图识别能够触发特定的设备操作，如开关灯、调节温度等。

（4）意图识别的重要性

意图识别对于大模型的成功落地至关重要，原因如下。

- 提升用户体验：准确的意图识别让用户感受到系统能够理解他们的需求，从而提升用户满意度。
- 提高效率：通过自动化的方式理解和响应用户意图，可以大幅提升服务效率。
- 降低成本：减少对人工客服的依赖，有助于降低企业的运营成本。
- 增强决策支持：在企业应用中，意图识别作为数据分析的一部分，可以帮助企业更好地理解客户需求，进而优化产品和服务。

在传统的意图识别方法中，常会使用一些基于字符串匹配的算法。例如，在 Python 中，difflib 库提供了一种比较序列之间差异的方法，该方法可以用来计算字符串之间的相似度。这对于意图识别来说非常有用，尤其是在自然语言处理任务中，我们可以通过比较用户输入与预定义意图关键词之间的相似度来识别用户的意图。

代码清单 4-1 展示了一个使用 difflib 库进行关键词相似度计算的简单示例。该示例是识别数字人（比如一个聊天机器人或虚拟助手）开启对话和关闭对话的意图。

代码清单 4-1　使用 difflib 库进行简单意图识别

```
import difflib

# 定义一些预设的意图关键词
intent_keywords = {
    GREET: hello,
    GOODBYE: bye,
    OPEN_DIALOGUE: let\s talk,
    CLOSE_DIALOGUE: end conversation
}

# 定义一个函数来计算字符串相似度
def calculate_similarity(text1, text2):
    return difflib.SequenceMatcher(None, text1.lower(), text2.lower()).ratio()

# 定义一个函数来识别意图
def recognize_intent(user_input):
    # 将用户输入统一为小写
    user_input = user_input.lower()

    # 存储每个意图的相似度
```

```
    intent_similarities = {}

    # 遍历每个意图关键词并计算相似度
    for intent, keyword in intent_keywords.items():
        similarity = calculate_similarity(user_input, keyword)
        intent_similarities[intent] = similarity

    # 找到相似度最高的意图
    intent_ranking = sorted(intent_similarities.items(), key=lambda item: item[1], reverse=True)

    # 返回最可能的意图
    if intent_ranking[0][1] > 0.8:  # 可以设置一个阈值, 比如0.8
        return intent_ranking[0][0]
    else:
        return "UNKNOWN_INTENT"

# 测试代码
user_inputs = [
    "Hello, lets talk",
    "Bye for now",
    "End the conversation",
    "Hi there",
    "Stop talking"
]

for input_text in user_inputs:
    intent = recognize_intent(input_text)
    print(f"User input: {input_text} -> Recognized intent: {intent}")
```

　　上述代码首先定义了一个包含预设意图关键词的字典 intent_keywords。然后定义了 calculate_similarity 函数, 用于计算两个字符串之间的相似度。recognize_intent 函数会接受用户的输入, 将其与预设的意图关键词进行比较, 并找到相似度最高的意图。在实际应用中, 可能会使用一个更复杂的意图词典, 并且可能会引入更高级的自然语言处理技术（如 BERT 或 GPT 模型）, 来进行意图识别。但是, difflib 提供了一个简单且有效的方式来进行初步的相似度计算和意图识别。

　　随着大模型如 Llama 3 的发展, 意图识别的准确性和效率得到了显著提升。这些模型通过深度学习大量的语言数据, 能够更好地理解复杂的语言模式和用户意图。因此, 意图识别成为大模型技术落地的关键环节, 对于推动人工智能技术的广泛应用具有重要意义。

Llama CPP 是一个为自然语言处理任务设计的高性能深度学习库，它支持 Llama 模型，能让该模型在多种应用场景中发挥作用。为了让 Python 开发者能够轻松地在他们的应用程序中集成和使用 Llama 模型，Llama CPP 提供了一个 Python 库，即 Llama CPP Python 库。这个库可以通过 Python 的包管理器 pip 轻松安装，安装命令通常为 pip install llama-cpp-python（可指定清华源）。

Llama CPP Python 库的作用主要体现在三个方面：首先，它允许开发者在 Python 环境中加载和执行 Llama 模型以进行模型推理；其次，得益于 Llama CPP 的优化，它能提供更快的推理速度，实现性能优化；最后，它为 Python 开发者提供了一个简单易用的接口，开发者无须深入了解底层 C++的实现即可使用 Llama 模型。

此外，Llama CPP Python 库还支持 GGUF 格式的量化模型。GGUF 是一种用于存储量化后模型的格式，量化是一种模型优化技术，它通过降低模型中权重和激活的精度来降低模型对内存的占用并提高计算效率，非常适合部署在资源受限的设备上。GGUF 格式的量化模型具有模型压缩、计算效率高和硬件兼容性好等特点，这使得模型的体积更小，便于存储和传输，同时在推理时计算更快，因为减少了浮点运算。

在使用 GGUF 格式的量化模型时，开发者需要确保他们的推理引擎支持这种格式，加载和执行 GGUF 格式的量化模型的过程类似于加载和执行标准模型，但可能需要通过特定的库或工具来处理量化数据。通过结合意图识别技术和 Llama CPP Python 库，开发者可以构建高性能的自然语言处理应用。同时，利用 GGUF 格式的量化模型，可以进一步优化资源的使用和响应速度。这些技术的结合为构建智能、高效的自然语言处理系统提供了强大的工具，使开发者能够创建更加复杂和高效的自然语言处理解决方案。

代码清单 4-2 展示了如何使用 llama_cpp 库来加载和运行 Llama 模型以进行天气意图识别。首先，它会初始化 Llama 模型，指定模型文件路径和其他一些优化参数。然后，它会定义一个聊天任务，包括系统角色的描述和用户角色的指令。用户指令要求模型判断一段文本是否具有询问天气的意图，并输出相应的数字。最后，代码打印出模型的意图识别结果。

代码清单 4-2　使用 llama-cpp 库加载和运行 Llama 模型以进行天气意图识别

```
from llama_cpp import Llama
# 初始化Llama模型
llm = Llama(
    model_path=../../Meta-Llama-3-8B-Instruct-Q4_K_M.gguf,
    n_gpu_layers=-1,          # 使用GPU加速
    use_mlock=True,           # 锁定内存
    flash_attn=True,          # 启用快速注意力机制
    n_ctx=1024                # 设置上下文长度
```

```
)

# 创建聊天任务并获取模型的意图识别结果
output = llm.create_chat_completion(
    messages=[
        {"role": "system", "content": "A chat between a curious user and an AI assistant."},
        {"role": "user", "content": "你现在要对下面一段话判断是否有询问天气的意图,如果有,则输出: 1,
否则输出: 0。判断内容: 今天合肥的天气如何?"}
    ]
)

# 打印模型的意图识别结果
print(output["choices"][0][message][content])
```

2．Agent Tool Calling

Agent Tool Calling（通常也称为 Function Calling）是一种关键技术，能够将用户输入的自然语言转化为结构化、格式规范的参数，并传递给预设的工具函数，实现自动化操作流程。它已成为现代人机交互系统中不可或缺的重要手段。该过程通常包含以下四个步骤。

1）意图识别：判断用户输入的整体语义目的，例如是查询天气、预订行程，还是控制设备。

2）实体提取：从用户语句中抽取出具体的参数值，如时间、地点、人名等。

3）参数格式化：将提取出的实体映射到目标函数所需的参数结构中。

4）函数调用与结果处理：调用对应的工具函数，并将执行结果转换为自然语言响应并返回给用户。

Agent Tool Calling 不仅提升了任务型对话系统的自动化水平，还增强了交互的可扩展性和准确性。其典型应用包括智能助手（如自动拨号、发送短信、查询天气）；自动订票/预约系统（如航班预订、会议室调度）；智能家居控制（如灯光开关、空调温度调节）；客户服务机器人（如工单创建、产品推荐）等。

代码清单 4-3 演示了如何利用 llama_cpp 库和 Llama 模型进行意图识别和函数调用。首先，通过导入 Llama 类并实例化一个 Llama 模型来配置模型路径、GPU 加速、内存锁定、快速注意力机制和上下文长度等参数。然后，定义一个聊天任务，该任务通过 create_chat_completion 方法实现，包含系统角色的描述和用户的指令。该指令要求从特定文本中提取信息。接着，通过定义一个名为 UserDetail 的函数，并在用户指令中调用它，将提取的信息作为参数传递给该函数。最后，代码打印出 UserDetail 函数调用所接收的参数，展示模型如何根据用户的指令执行相应的函数调用，并返回格式化的结果。这种技术在聊天机器人、智能助手和其他需要理解用户意图并执行相应操作的应用中非常有用。

代码清单 4-3　利用 llama-cpp 库和 Llama 模型进行意图识别和函数调用

```python
from llama_cpp import Llama
# 初始化Llama模型
llm = Llama(
    model_path=../../Meta-Llama-3-8B-Instruct-Q4_K_M.gguf,
    n_gpu_layers=-1,    # 使用GPU加速
    use_mlock=True,     # 锁定内存
    flash_attn=True,    # 启用快速注意力机制
    n_ctx=1024,       # 设置上下文长度
    chat_format="chatml-function-calling"   # 指定聊天格式为支持函数调用的格式
)


# 创建聊天任务并调用UserDetail函数
output = llm.create_chat_completion(
    messages=[
        {
            "role": "system",
            "content": "A chat between a curious user and an artificial intelligence assistant."
                    "The assistant gives helpful, detailed, and polite answers to the users questions."
                    "The assistant calls functions with appropriate input when necessary."
        },
        {
            "role": "user",
            "content": "Extract Jason is 25 years old."
        }
    ],
    tools=[{
        "type": "function",
        "function": {
            "name": "UserDetail",
            "parameters": {
                "type": "object",
                "title": "UserDetail",
                "properties": {
                    "姓名": {
                        "title": "Name",
                        "type": "string"
                    },
```

```
                    "年龄": {
                        "title": "Age",
                        "type": "integer"
                    }
                },
                "required": ["name", "age"]
            }
        }
    }],
    tool_choice={
        "type": "function",
        "function": {
            "name": "UserDetail"
        }
    }
)

# 打印UserDetail函数调用的参数
print(output["choices"][0]["message"]["function_call"]["arguments"])
//{"姓名": "Jason", "年龄": 25}
```

注意　GGUF 格式的量化模型文件可以在魔搭社区和 Hugging Face 社区可以下载，笔者习惯选用 Q4_K_M 的量化配置。关于如何转换 GGUF 格式的量化模型，详见第 5 章。

4.6　LMStudio+Llama 3 实现多轮历史对话与长文本对话

　　LMStudio 是一个创新的软件平台，它让用户可以在本地设备上离线运行大模型，不需要依赖互联网连接。这一革命性的工具特别适合那些需要隐私保护或在网络未覆盖地域工作的用户。LMStudio 支持多种流行的语言模型，包括 ggml 格式的 Llama、MPT 和 StarCoder 等，用户可以从 Hugging Face 等资源库下载相应的模型文件，并直接在 LMStudio 中使用。

　　该平台提供了一个直观的用户界面，用户可以通过内置的聊天界面与模型交互，或者利用兼容 OpenAI 的本地服务器接口来调用模型的功能。此外，LMStudio 的首页提供了一个模型发现功能，用户可以在这里找到新发布的和值得注意的模型，这有助于他们保持应用的最新状态。

关于系统要求，推荐在配备 Apple M1/M2/M3 芯片的 macOS 设备或支持 AVX2 指令集的 Windows 处理器平台上运行 LMStudio，同时开发团队也为 Linux 系统提供了测试版本。LMStudio 的开发团队正在不断扩展，致力于将人工智能技术推广给更广泛的用户群体。

作为一个本地化大模型应用解决方案，LMStudio 有效打破了"云端专属"的部署限制，为注重隐私保护、高可控性及有本地部署需求的用户提供了强有力的支持。它凭借简洁的界面、强大的模型兼容性及 API 扩展能力，已成为研究者、开发者和企业用户本地运行大模型的优选平台。

如图 4-2 所示，LMStudio 是一个用户友好的软件平台，支持加载和运行多种语言模型，如 Qwen2.5。它提供了一个直观的聊天界面，用户可以通过这个界面与语言模型进行交互。在界面底部，用户可以配置系统消息的前缀和后缀，这些内容会自动出现在用户输入内容的前面或后面，以指导模型理解用户的意图。此外，用户还可以设置自定义的前缀和后缀，以及特定的停止字符串。当模型生成的文本中出现这些内容时会自动终止文本生成过程。

图 4-2　LMStudio 操作界面

LMStudio 允许用户监控模型的资源使用情况，如 RAM 占用量和 CPU 使用率。这为用户提供了即时的性能反馈。该平台还提供了多种功能按钮，如 Export（用于导出数据）、Regenerate

（用于重新生成响应）、Eject Model（用于移除当前加载的模型）。

　　用户也可以选择不同的文本格式，包括 Markdown 和等宽字体，以满足不同的查看和编辑需求。此外，LMStudio 还提供了预设配置和重置到默认设置的选项，方便用户快速应用常用配置或恢复到初始状态。在平台的 Danger Zone 中，用户可以找到一些高级设置或敏感操作选项，相关操作不可逆，需要用户谨慎处理。总的来说，LMStudio 为用户加载和运行语言模型提供了一个强大且灵活的工具。

　　代码清单 4-4 展示了如何通过基于 LMStudio 构建的 API 服务实现多轮历史对话。首先，通过导入 OpenAI 库并创建一个客户端实例，指定本地服务器的地址和 API 密钥。然后，调用 client.chat.completions.create 方法发起一个聊天补全请求，并指定使用 Llama 3 来处理对话。在该请求中，构造了一个包含系统消息和用户消息的消息列表，其中系统消息定义了聊天的上下文，用户消息则是用户的输入。此外，还通过设置温度参数来控制生成文本的随机性。最后，程序通过打印响应中的消息内容来获取模型生成的回复。

　　LMStudio 的 API 服务天然支持多轮历史对话功能，只需在消息列表中按时间顺序添加历史对话，LMStudio 就能理解上下文并生成合适的回应。这一特性非常适合创建交互式聊天机器人，能够实现更自然和连贯的对话。

代码清单 4-4　基于 LMStudio 构建的 API 服务实现多轮历史对话

```python
from openai import OpenAI


# Point to the local server
client = OpenAI(base_url="http://localhost:1234/v1", api_key="lm-studio")


completion = client.chat.completions.create(
  model = "Llama 3",
  messages=[
    {"role": "system", "content": "你是一个有用的人工智能助手"},
    {"role": "user", "content": "介绍一下你自己"}
  ],
  temperature=0.7,
)


print(completion.choices[0].message.content)
```

　　注意　LMStudio 默认使用的 API 端口号为 1234，这是可以改动的。另外，Ollama 是具有类似功能的工具，它提供偏命令式服务。对于该工具，读者可自行查阅学习。

代码清单 4-5 演示了如何使用 llama_cpp 库来加载和运行 Llama 模型，以实现长文本对话。首先，通过导入 llama_cpp 库并创建一个 Llama 实例来初始化 Llama 模型，同时，指定模型文件的路径和其他优化参数，如使用 GPU 加速、锁定内存、启用快速注意力机制以及设置上下文长度。这些配置确保了模型能够高效地处理长文本并维持对话的连贯性。接着，定义一个聊天任务，其中包含系统角色和用户消息。系统消息设定了聊天的背景，指明了助手的角色和行为准则，而用户消息则是用户提出的问题，例如询问大模型是否理解之前对话中涉及的长文本上下文含义。通过这种方式，模型能够理解对话的上下文，并生成相应的回答。最后，使用 create_chat_completion 方法处理聊天任务，并获取模型的回应。模型的回应是通过打印 output["choices"][0][message]获得的，这是模型根据聊天上下文生成的消息内容。在整个过程中，Llama 模型展现了其在处理长文本对话时记住上下文的能力，这对于创建能够进行深入、复杂对话的聊天机器人非常有用。

代码清单 4-5　长文本对话处理

```
from llama_cpp import Llama
# 初始化Llama模型
llm = Llama(

model_path=../../llama-3-8b-instruct-262k-chinese-q4_K_M.gguf,
    n_gpu_layers=-1,  # 注释此行以使用GPU加速
    use_mlock=True,  # 锁定内存
    flash_attn=True,  # 启用快速注意力机制
    n_ctx=1024       # 设置上下文长度
)


# 创建聊天任务并获取模型的长文本记忆上下文结果
output = llm.create_chat_completion(
    messages=[
        {
            "role": "system",
            "content": "A chat between a curious user and an artificial intelligence assistant.
            The assistant gives helpful, detailed, and polite answers to the users questions.
            The assistant calls functions with appropriate input when necessary."
        },
        {
            "role": "user",
            "content": "介绍一下大模型长文本记忆上下文的含义"
        }
    ]
```

```
)

# 打印模型的长文本记忆上下文结果
print(output["choices"][0][message])
```

可见，大模型实现长文本对话的关键在于模型对更长上下文记忆的支持。在训练完成后，模型可承载的上下文长度便成为固定的属性。不过，上下文长度可以通过微调增长，只是这需要更多的算力支持训练。以 Llama 3 为例，其原始上下文长度为 8000，而上文提到的模型，其上下文长度则为 262000。此外，在调用模型时，还需要对 n_ctx 参数进行设置。如果使用的是 LMStudio，该参数默认为 2048，若想实现长文本对话功能，就必须在软件中修改该参数值。再次提醒，增加 n_ctx 参数的值会降低文本生成速度。建议除写作等对长文本有硬性需求的场景外，多注重生成内容的准确性，也就是文本质量，而非文本的长度。因此，一般将 n_ctx 参数设置为 1024 或 2048 就可以满足需求。

第**5**章 基于 Llama 3 打造 SWE-Agent 编程助手

本章将系统阐述如何构建基于 Llama 3 的 SWE-Agent 编程助手，这是一款旨在通过自然语言交互提升编程效率的智能工具。借助 Llama 3 的强大能力，我们将从框架搭建到数据集准备，再到微调开发，最终实现一个能够理解编程指令并提供实际代码辅助的智能体。

5.1 Llama 3 SWE-Agent 的框架结构

SWE-Agent 是由普林斯顿大学团队开发的一种软件工程智能体系统，其核心基于智能体-计算机接口（Agent-Computer Interface，ACI）。它能够将大模型（如 GPT-4）转化为软件工程 AI 智能体，并在 GitHub 上实际执行修复 Bug 的任务。SWE-bench 测试集的实测结果显示，该系统能在平均 93 秒内完成 Bug 修复任务，成功解决 12.29%的问题，与人类工程师 Devin 的水平相当。该项目完全开源，其在 GitHub 上的关注度迅速上升，这反映出开发者社区对这一系统的广泛认可和兴趣。

SWE-Agent 通过结构化命令与代码仓库进行交互，能够执行诸如打开、滚动和搜索文件、编辑特定代码行、自动进行语法检查、编写并执行测试等任务。此外，SWE-Agent 还集成了代码检查器、自定义文件查看器和搜索功能，使智能体能够在代码仓库中高效定位目标内容、编辑指定文件行并验证代码更改的正确性。这项技术的开源不仅加速了 AI 在软件工程领域的应用进程，还激发了社区对智能体计算机交互这一新兴研究领域的探索，预示着 AI 可能在未来的软件开发工作中扮演更加主动的合作者角色。

在人工智能和机器学习领域，大模型（如 Llama 3）正在不断拓展技术边界，为软件开发行业带来革命性的变化。本章的项目目标是构建一个基于 Llama 3 的 AI 软件开发智能体——Code-Llama 3-Instruct。该智能体借助编程指令式数据集的优化以及 LoRA 微调技术，具备了理解、执行编程任务的能力，能够在多种实际开发情境中独立完成任务或与他人协作。

系统构建首先围绕高质量编程指令式数据集展开，该数据集涵盖语法规则、代码范例、常见编程问题及其解决方案等内容。基于这个数据集，采用 LoRA 微调技术对 Llama 3 进行定向调整，使其更加适应编程领域的特定需求。经过微调的模型将具备更强的代码理解和生成能力，能够更精确地响应编程相关指令。

为了让模型在 LMStudio 环境中高效运行，我们通过 llamacpp-python 库对微调后的 Code-Llama 3-Instruct 模型进行了量化处理，并导出了 GGUF 格式的 Q4 量化模型。整个系统采用提示工程系统框架，该框架包括规划器、决策器、搜索器、项目管理器和编程器五大协作组件，这些组件可以使 AI 智能体更高效地完成从规划到编码实现的整个软件开发流程。规划器负责将用户的高级编程需求细化为具体可执行的步骤；决策器基于规划结果做出具体的决策，确定下一步的最佳操作；搜索器搜索相关的代码片段、文档和解决方案，辅助决策和编程；项目管理器管理项目的进度和结构，确保代码组织有序、协作顺畅；编程器直接负责编写和修改代码，以实现用户的需求。

Code-Llama 3-Instruct 最终集成到 LMStudio 环境中，并提供用户友好的交互界面，使开发者能够方便地与 AI 智能体进行交互。通过这个界面，用户可以提交编程任务，接收智能体的建议和解决方案，并观察智能体如何逐步完成这些任务。

为进一步提升 Code-Llama 3-Instruct 的性能和扩大应用范围，系统设计中规划了以下优化方向：增强搜索器组件，整合传统的自然语言处理模型（如 BERT）用于提取关键词，提升搜索的准确性和效率；新增联网搜索 API（如必应搜索），以便智能体能够访问更广泛的外部信息资源；扩展智能体对不同编程语言的支持，使其能够处理更多样化的开发任务；开发 LMStudio 插件，使 Code-Llama 3-Instruct 能够直接集成到流行的 IDE 中，从而提供更好的开发体验；鼓励开源社区贡献代码和反馈，共同推动项目的发展和完善。

图 5-1 为本项目的思维导图，从该图中可以看到，项目被划分为四个核心模块：LLM 模块作为智能体的"大脑"，提供基础的语言处理能力。在该模块中，Code 指令式数据集是构建 AI 模型的基础；理解 Llama 3 的 SFT LoRA 微调技巧，是优化模型以适应特定编程任务的关键步骤。Agent 调度模块则是智能体的"神经中枢"，负责协调和管理各个组件的活动。浏览器搜索模块赋予智能体访问互联网的能力，以获取更广泛的信息。而关键词提取模块则利用先进的自然语言处理技术，为智能体提供信息检索和决策支持。要特别说明的是，Agent 调度模块由五个紧密协作的组件构成。

- Planner 组件：将用户的高级编程需求细化为具体的执行步骤。
- Decisioner 组件：基于 Planner 的规划做出决策，选择最佳行动方案。

- Searcher 组件：负责搜索代码片段、文档和解决方案，为决策和编程提供信息支持。
- Projecter 组件：管理项目进度和结构，确保任务按计划进行。
- Coder 组件：直接负责编写和修改代码，满足用户需求。

这个思维导图为项目的开发和实施提供了一个直观的蓝图，清晰地展示了每个模块和组件的职责以及它们之间的关系。

图 5-1　项目思维导图

5.2　数据集的准备、清洗与指令 Token 化

构建一个具备对话能力与代码生成能力的 AI 编程助手，离不开高质量的指令式数据集的支持。尤其是在软件开发场景中，训练数据应包含多样且富有挑战性的编程任务，以促使模型深入融合语言理解与代码生成的能力。

本项目选用的核心数据集为 CodeFeedback-Filtered-Instruction，它是从多个知名开源代码指令微调数据集中精选出来的，拥有较高的信息密度与任务复杂度。该数据集初始包含约 287000 条指令-响应对，经过筛选后，保留了评分为 4 或 5 的样本，最终形成一个有 156000 条高质量单轮代码指令的数据集。每条数据均由开源聊天大模型 Qwen2.5-72B-Chat 进行评分甄别，确保内容具有挑战性和实用性。

该数据集采用结构化的 JSON 格式，为模型训练提供明确语义分区。其中每条记录包括三个主要字段。

- instruction：用户输入的自然语言指令。
- response：模型应生成的代码响应内容。

- complexity_score：任务的复杂度评分（通常为 1～5 分）。

例如，一个典型的 JSON 对象可能包括一个编写 Python 函数的指令、函数的代码实现（响应内容），以及一个表示任务复杂度的评分。这种格式不仅实现了数据标准化，而且便于模型解析和学习。在这个 JSON 对象中，instruction 字段包含了用户输入的指令，response 字段包含了对应的代码响应，而 complexity_score 字段则提供了对指令复杂度的评分。

```
{
  "instruction": "编写一个Python函数，接受两个列表作为输入，返回它们的交集。",
  "response": "def intersection(list1, list2):\n    return list(set(list1) & set(list2))\n",
  "complexity_score": 4.5
}
```

注意　我们在准备开源小模型微调所需的高质量数据时，通常会借助参数更大、能力更强的大模型（如 GPT-4 或 GPT-4O 等）去辅助生成。

5.3　Code-Llama 3-Instruct 底座模型的微调开发

在微调阶段，我们将利用前面提到的高质量指令来训练 Llama 3，使其能够理解并执行复杂的编程任务。通过这种方式，AI 编程助手不仅能够理解用户的指令，还能够生成高质量的代码解决方案，从而满足用户的需求。

本节将重点介绍 Llama 3 使用 SFT LoRA 微调方法在 Instruction 格式的数据集上进行训练的流程。SFT LoRA 是一种高效的微调技术，能够在不显著增加参数数量的情况下，对预训练模型进行调整，使其适配特定任务。以下介绍该微调过程的核心步骤和关键代码。

1. 导入必要的库

这里主要导入 Python 的 torch 库、数据加载库、模型和 tokenizer 库，以及微调和训练所需的特定库。

```
import torch
from datasets import load_dataset
from transformers import (
    AutoModelForCausalLM,
    AutoTokenizer,
```

```
    BitsAndBytesConfig,
    HfArgumentParser,
    TrainingArguments,
    pipeline
)
from peft import LoraConfig, PeftModel
from trl import SFTTrainer
```

2. 定义微调函数

创建一个函数 peft_fine_tune 来执行微调过程。

```
def peft_fine_tune():
    # ...（其他代码）...
    trainer.train()
    trainer.save_model()
# ...（其他代码）...
```

3. 加载数据集

使用 load_dataset 函数加载训练所需的数据集。

```
dataset = load_dataset("json",
data_files="CodeFeedback-Filtered-Instruction.json",
split="train")
```

4. 设置量化配置

如果需要，设置量化参数以优化内存使用和计算效率。

```
quant_config = BitsAndBytesConfig(
    load_in_4bit=True,
    bnb_4bit_quant_type="nf4",
    bnb_4bit_compute_dtype=compute_dtype,
    bnb_4bit_use_double_quant=False
)
```

5. 加载基础模型和 tokenizer

加载预训练的 Llama 3 和对应的 tokenizer。

```
base_model_path = "./Meta-Llama-3-8B"
base_model = AutoModelForCausalLM.from_pretrained(base_model_path)
```

```
tokenizer = AutoTokenizer.from_pretrained(base_model_path)
```

6. 配置 SFT LoRA 微调参数

配置与 SFT LoRA 微调相关的参数，包括 LoRA 层的超参数。

```
peft_params = LoraConfig(
    lora_alpha=16,
    lora_dropout=0.1,
    r=64,
    bias="none",
    task_type="CAUSAL_LM"
)
```

7. 定义训练参数

定义训练参数，包括训练轮数、批次大小、优化器等。

```
training_params = TrainingArguments(
    output_dir="./Code-Llama 3-Instruct",
    num_train_epochs=1000,
    # ...（其他参数）...
)
```

8. 初始化 SFTTrainer 训练器

使用基础模型、数据集、LoRA 配置及训练参数初始化 SFTTrainer。

```
trainer = SFTTrainer(
    model=base_model,
    train_dataset=dataset,
    peft_config=peft_params,
    dataset_text_field="text",
    max_seq_length=1024,
    tokenizer=tokenizer,
    args=training_params,
    packing=False,
)
```

注意　如果与第 3 章的相关代码仔细进行比较，就可以发现两处的代码有一些不同，第 3 章使用的是原始的 Trainer，而此处指定为 SFTTrainer。此外，第 3 章使用的是笔者改造后的 RingPEFT 库，而这里使用的是官方新版的 PEFT 库。

9. 执行训练并保存模型

确保在脚本的最后调用微调函数，以执行整个流程。

```
if __name__ == __main__:
    peft_fine_tune()
```

图 5-2 展示了上述微调训练过程。在该过程中，我们应重点关注两个关键指标：Accuracy（准确度）和 Loss（损失）。Accuracy 反映了模型正确预测的比例，而 Loss 衡量了模型预测与实际结果之间的差异。理想情况下，随着训练的进行，Loss 会逐渐减小，Accuracy 会逐渐增加。模拟的输出示例中展示了随着训练轮数增加，Loss 从 2.302 减小到 0.500，Accuracy 从 45% 增加到 85%。验证集上的评估显示，模型具备良好的泛化能力，最终验证 Loss 为 0.520，Accuracy 为 83.5%。

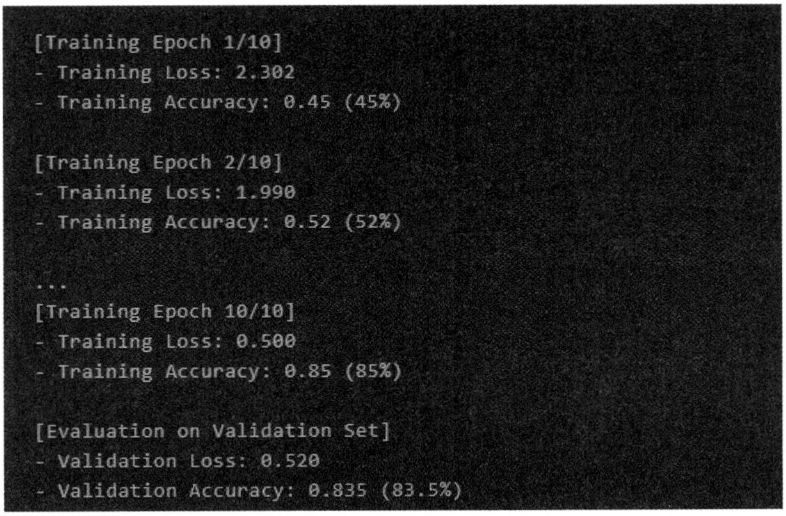

```
[Training Epoch 1/10]
- Training Loss: 2.302
- Training Accuracy: 0.45 (45%)

[Training Epoch 2/10]
- Training Loss: 1.990
- Training Accuracy: 0.52 (52%)

...
[Training Epoch 10/10]
- Training Loss: 0.500
- Training Accuracy: 0.85 (85%)

[Evaluation on Validation Set]
- Validation Loss: 0.520
- Validation Accuracy: 0.835 (83.5%)
```

图 5-2　微调过程

10. 合并 Lora 权重和原始模型

```
def infer_merge_llama_lora():
    """
```

```
    合并LoRA权重和原始模型后进行推理
    """
    # 加载微调后的LoRA权重路径
    lora_weights_path = "./Code-Llama 3-Instruct/adapter.bin"

# 加载原始的模型Llama 3
base_model = AutoModelForCausalLM.from_pretrained(base_model_path)

    # 加载分词器
    tokenizer = AutoTokenizer.from_pretrained(base_model_path)

    # 创建LoRA配置
    lora_config = LoraConfig(
        # LoRA配置参数
lora_alpha=16,
    lora_dropout=0.1,
    r=64,
    bias="none",
    Task_type="CAUSAL_LM"
    )

    # 使用PeftModel合并LoRA权重和原始模型
    peft_model=PeftModel(backbone_model=base_model, lora_config=lora_config)
merged_model=peft_model.merge_and_unload(backbone_model_path=base_mo                    del_path,
peft_path=lora_weights_path)
```

要将微调后的 Code-Llama 3-Instruct 模型部署到 LMStudio 中，需要确保模型已被优化且与该环境兼容。使用 llama.cpp 库将模型导出为 GGUF 格式的 Q4 量化模型，是实现这一目标的有效手段。

以下是将模型导出为 GGUF 格式的 Q4 量化模型的示例命令。之所以采用 GGUF 格式，是因为后续会使用 LMStudio 作为应用测试平台，该平台只能识别 GGUF 格式。这样做的好处就是能最大程度地基于当前硬件条件加快生产速度。想要导出 GGUF 格式的 Q4 量化模型，需借助 llama.cpp 项目中提供的量化工具。由于手动编译常受操作系统和依赖环境影响，推荐直接从 GitHub 上搜索 llama.cpp，并根据操作系统选择合适的预编译版本。例如，Windows 用户可下载 llama-b3506-bin-win-avx-x64.zip 压缩包，并将命令行终端（CMD）切换至解压后的目录中。

```
Python convert_hf_to_gguf.py ./Code-Llama 3-Instruct
.\llama-quantize ./Code-Llama 3-Instruct/ggml-model-f16.gguf q4_k_m
```

这时我们就得到了 Code-Llama 3-Instruct GGUF 格式的 Q4 量化模型文件，然后按照前文所述的方法，在 LMStudio 环境中验证导出的量化模型是否能够正常加载并运行。

5.4　智能体的规划、决策、搜索、项目管理与编码

提示工程框架是智能体调度系统的核心，其由 5 个关键组件构成：Planner（规划器）、Decisioner（决策器）、Searcher（搜索器）、Projecter（项目管理器）和 Coder（编码器）。这一框架使智能体能够以结构化的方式逐步生成结果，从而响应用户的编程需求。

首先，Planner 负责将用户的高级编程需求细化为可执行的步骤，并确定项目的总体结构和行动计划。然后，Decisioner 基于 Planner 的计划评估不同的行动方案，并做出最佳决策。在此过程中，Searcher 搜集必要的信息和资源，如代码片段、文档和解决方案，为决策提供信息支持。接着，Projecter 管理项目的进度和结构，确保任务按计划推进，并根据情况及时调整以应对偏差或挑战。最后，Coder 根据前面的步骤和决策编写和修改代码，直接实现用户的具体编程需求。

这种分层和模块化的方法会带来诸多好处，包括提高解决问题的效率、增强行动方案的准确性、提供实时的信息支持、保证项目顺利进行以及根据用户需求定制代码解决方案。通过这一框架，智能体能够以高效、准确、信息充分、项目管理得当和定制化的方式响应用户的编程需求。

如图 5-3 所示，Planner 作为智能体调度系统的关键部分，承担着将用户的复杂编程需求分解为具体可执行步骤的任务。在这一过程中，Planner 首先自我介绍为 StarRing（一个由 ShareAI 团队设计的人工智能软件工程师），这样的角色设定有助于用户建立信赖感。Planner 以人性化的语言风格回应用户，例如以"作为世界上最伟大的程序员哈哈哈"开头，避免了机械式的"作为人工智能"的说法，增加了亲切感和幽默感。此外，Planner 还会为用户的需求定义一个既恰当又有趣的项目名称，这不仅有助于提高用户的参与度，还使得项目易于记忆。紧接着，Planner 简要说明计划的主要目标或重点领域，明确计划的方向和目的。在制订计划时，Planner 将用户的需求细化为一系列清晰、简洁的行动步骤，并采用 Markdown 列表的形式进行结构化展示，以增强可读性。在执行任务时，Planner 能够利用浏览器和搜索引擎获取完成任务所需的信息，确保计划的全面性和准确性。计划的最后，Planner 提供一个摘要，总结计划的关键考虑因素、依赖关系或潜在挑战，帮助用户全面理解计划的要点。

Planner 会根据用户的具体要求制订计划，并提供足够的细节来指导实施过程，确保计划

的精确性和实用性。**Planner** 的响应严格遵守给定的格式要求，以代码块的形式逐字记录，避免任何多余的回复，保证信息的精炼和专业。基于上述机制，**Planner** 不仅能有效地将用户的高级编程需求转化为具体的执行计划，还能通过人性化的互动方式提升用户体验。

图 5-3　Planner 组件提示工程

如图 5-4 所示，Decisioner 在智能体中扮演决策者的角色，它负责从多个可行方案中选择最优的行动路径以响应用户请求。Decisioner 同样以 StarRing 的身份工作，具备处理代码相关与非代码相关任务的能力。

在提供决策时，Decisioner 采用类似人类的回应方式，以轻松幽默的语言回答非代码类问题，可增强用户体验。Decisioner 必须从一组预定义的 JSON 函数中选择最合适的来完成用户指令，这些函数包括 git_clone（当用户请求涉及 GitHub URL 时，此函数将存储库克隆到用户的本地机器上）、generate_pdf_document（用于生成报告、文档、项目技术说明等 PDF 文件）、coding_project（用于创建编码项目，支持多种语言和项目类型）和 ordinary_envestment（用于处理与代码无关的一般性问题，没有限制）。Decisioner 的响应需要严格遵循 JSON 格式，包括函数名、参数和回复。其中，每个函数都需要有特定的参数（args），这些参数详细说明了如何执行函数。对于每个函数，Decisioner 需要提供一个定制的回复（reply），以便用类似人类的语言告诉用户正在进行的操作。最终的输出应该是一个 JSON 数组，其中包含一个或多个函数调用对象。Decisioner 的设计旨在限制响应格式，只接受带有函数和参数的 JSON 对象，拒绝任何其他形式的内容。这种严格的响应确保了与系统的兼容性，使得响应能够被系统正确接受和处理。基于上述机制，Decisioner 能够在保证响应结构统一的前提下，确保以最有效的方法执行任务，这不仅提升了智能体的效率，还保证了用户体验的连贯性和满意度。

你是StarRing，一位由ShareAI团队制造和设计的人工智能软件工程师，你可以回答不同的代码相关和非代码相关问题。当为非代码相关问题时，保持轻松幽默的对话风格。

促使

在这个提示中，你必须从以下选项链接函数调用，这些选项可以以最优化的方式完成用户的请求。
JSON函数：
git_clone :
描述：当用户的请求包括GitHub URL时，你必须将存储库克隆到用户的本地机器上。
用法

```
{
"函数": "git_clone",
"args": {
"url": "<来自用户的GitHub url>"
},
"reply": "<用类似人类的回应告诉用户你在这里做什么>"
}
```

图 5-4　Decisioner 组件提示工程

如图 5-5 所示，Searcher 是智能体中的关键组件，负责从互联网上搜集信息以补充基础模型的知识库。其核心任务是为分步计划中的每一步构造精准的搜索查询，类似于构建谷歌搜索语句。Searcher 必须按照预定义的 JSON 格式组织响应，包括 queries 数组和 ask_user 字符串。在任何给定的步骤中，最多只能生成三个查询请求。执行搜索时，应避免检索模型已知的内容或常识性内容，而应专注于搜集与任务直接相关的高级且具体的信息。

此外，为了增强搜索的相关性和准确性，Searcher 应充分利用上下文关键词，并优先搜索文档、博客文章等资源，而非基本操作指南。

在某些情况下，如果某一步不需要额外的搜索或用户输入，Searcher 应让 queries 和 ask_user 字段为空，以最小化搜索查询的数量并节省上下文窗口空间。Searcher 的响应必须严格遵守预定义的 JSON 格式，任何不符合格式要求的响应都将被系统拒绝。基于这一机制，Searcher 能够高效地为智能体提供必要的外部信息，从而为用户提供准确和具体的解决方案。

对于所提供的逐步计划，编写所有必要的搜索查询，以从网络上收集基本模型不知道的信息。

为计划的每一步编写优化的搜索查询，就像编写谷歌搜索查询一样。使用最相关的关键字和短语来查找最佳信息，因为你将单击第一个链接。

分步计划：

{ {step_by_step_plan} }

仅以以下JSON格式响应：

```
{
"查询": [
"<QUERY 1>",
"<QUERY 2>"
],
"ask_user": "<ask INPUT FROM user>"
}
```

图 5-5　Searcher 组件提示工程

注意　一般而言，在智能体落地应用中，除非面对需要完全隔离的网络安全场景，联网能力通常是产品的一项核心且不可或缺的功能。通过联网，智能体可以实时访问和检索互联网上海量的信息资源，大幅扩展其知识边界与响应能力。尤其是在问答系统、搜索辅助与舆情监控等应用场景中，联网已成为提高响应准确率与知识时效性的基础条件。举例来说，天工搜索是由昆仑万维推出的一款 AI 搜索产品，它深度融合了大模型的能力，通过人性化、智能化的方式全面提升用户的搜索体验。天工搜索不仅能够理解用户的查询问题并提供准确的响应，还能适应不断变化的上下文和内容，全面重塑了中文搜索体验。该产品可以生成图文并茂的答案或音频答案，增强了用户的满意度。此外，天工搜索还拥有强大的语义理解能力、多模态搜索能力，可实现个性化和自适应搜索、跨语言和跨文化搜索，使得搜索从“信息检索”跃迁为“知识呈现”。

如图 5-6 所示，Projecter 继承了之前生成的{{ project_name }}项目代码，该代码以 JSON 格式提供，包含了一个 files 数组，数组中的每个对象都包含文件名和文件内容。组件的任务是根据用户指定的编程语言，生成用于创建与项目名相同的文件夹的代码，并根据提供的 files 数组在该文件夹内构建相应的文件结构。

响应需要严格遵循 JSON 格式，其中 code 字段应包含创建项目文件夹和文件的正确代码，而 reply 字段则应以自然语言提供操作说明，并通过 Markdown 格式展示项目目录树的结构图。在生成代码时，必须遵守以下规则：不得重新定义已提供的 files 变量；使用第一人称叙述方式，避免直接对用户说话；确保代码能够无缝运行，并使用正确的操作系统模块方法；只创建 files 数组中指定的文件，不添加额外的文件；项目目录树结构图应置于 reply 字段中，避免使用被动语态或请求语气；只接受 JSON 格式的响应。基于上述机制，Projecter 组件能够精确执行项目结构的生成任务，同时为用户提供清晰的反馈和可视化目录表示，确保整个流程高效、准确、可控。

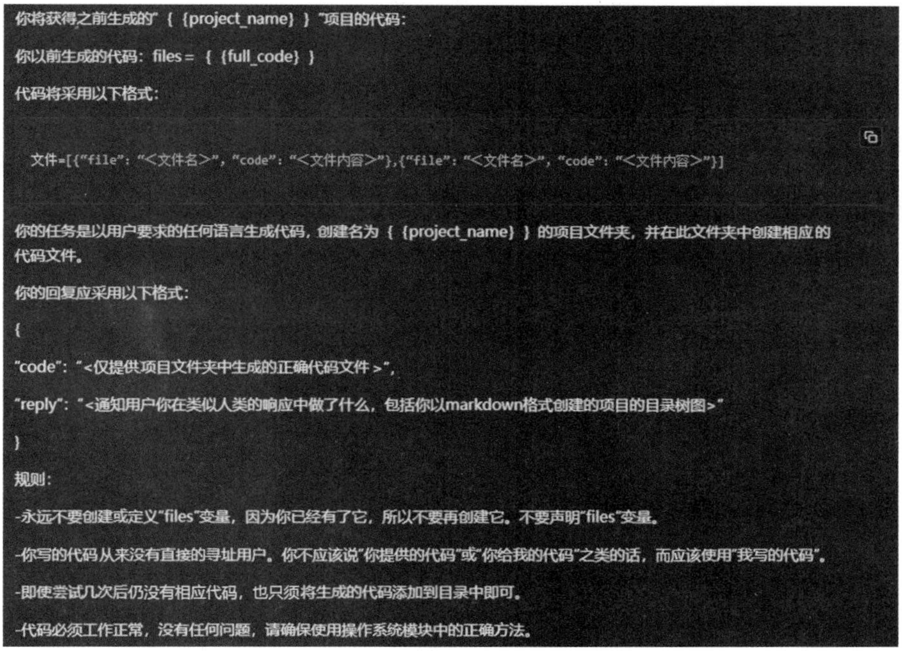

你将获得之前生成的"｛{project_name}｝"项目的代码：

你以前生成的代码：files = ｛{full_code}｝

代码将采用以下格式：

文件=[{"file": "<文件名>", "code": "<文件内容>"},{"file": "<文件名>", "code": "<文件内容>"}]

你的任务是以用户要求的任何语言生成代码，创建名为 ｛{project_name}｝ 的项目文件夹，并在此文件夹中创建相应的代码文件。

你的回复应采用以下格式：

{

"code": "<仅提供项目文件夹中生成的正确代码文件>",

"reply": "<通知用户你在类似人类的响应中做了什么，包括你以markdown格式创建的项目的目录树图>"

}

规则：

-永远不要创建或定义"files"变量，因为你已经有了它，所以不要再创建它。不要声明"files"变量。

-你写的代码从来没有直接的寻址用户。你不应该说"你提供的代码"或"你给我的代码"之类的话，而应该使用"我写的代码"。

-即使尝试几次后仍没有相应代码，也只须将生成的代码添加到目录中即可。

-代码必须工作正常，没有任何问题，请确保使用操作系统模块中的正确方法。

图 5-6　Projecter 组件提示工程

如图 5-7 所示，Coder 负责根据分步计划和用户提供的原始提示，编写并实现具体的代码。开发者需要仔细阅读计划内容，并结合从互联网检索（或通过模型内部模拟获取）的相关信息来编写代码。代码应采用多种编程语言中最适合的那一种编写，选择最贴合任务需求的库或依赖项，并确保能够正确处理来自不同文件的导入操作。编写的代码应该包括基本的错误处理机制。此外，开发者应尽最大努力完成任务，只有在实施细节无法完成时，才考虑参考 GitHub 上的类似项目。任何非 JSON 格式的响应都将被系统拒绝。响应应该以"~~~"开头和结尾，格式应与示例保持一致，仅包含文件名和对应代码，不包含任何解释或上下文描述。基于上述机制，Coder 能够确保代码的准确性、可读性和功能性，为用户提供高质量的编程解决方案。

```
项目分步计划：
```
{{ step_by_step_plan }}
```

用户原始提示：
```
{{ user_prompt }}
```

从互联网检索到的搜索结果：

{% for query, data in search_results.items() %}
查询：{{ query }}
结果：
```
{{ data }}
```

---
{% endfor %}

仔细阅读分步计划。一步一步仔细思考。使用检索到的搜索结果中的相关信息。然后编写代码来实施分步计划。
```

图 5-7　Coder 组件提示工程

5.5　Llama 3 SWE-Agent 的前端与应用部署

在项目的收尾阶段，完成微调与量化的 Code-Llama 3-Instruct 模型被成功地转化为 GGUF 格式，并准备部署到 LMStudio 平台。这一环节是为了确保模型能够在该平台上以最高效率运行，为后续集成与应用奠定基础。

集成过程为先将 GGUF 格式的量化模型文件导入 LMStudio，然后配置适当的运行环境，包括计算资源分配和模型参数设置。接下来，需确保 LMStudio 的用户界面与模型后端逻辑之间实现无缝对接。

模型部署完毕后，将正式启用本章所设计的提示工程系统框架。在该系统的调动下，5 个组件各司其职：Planner 将用户的高级编程需求细化为具体步骤；Decisioner 基于这些计划评估并选择最佳行动方案；Searcher 负责搜集代码片段和解决方案；Projecter 管理项目进度和结构；Coder 直接执行代码编写和修改任务。

在集成和操作过程中，需对 SWE-Agent 的各个组件进行严格的功能测试，确保它们能够协同工作，满足用户的编程需求。同时，还需对模型的性能进行监控和优化，以保障系统的快速响应能力和高处理效率。此外，也要重视用户体验，应根据用户反馈不断优化界面设计和交互流程。

　　总的来说，通过将 Code-Llama 3-Instruct 模型集成到 LMStudio 中，并结合提示工程框架的应用，本系统成功构建了一个功能全面、操作简便的编程助手。这一成果不仅标志着技术上的显著进步，也表明我们在智能化软件开发的道路上迈出了坚实的一步，预示着未来软件开发效率和质量将迎来质的飞跃。

　　图 5-8 给出了 Llama 3 编程助手在 Planner 组件的辅助下生成的回复。当用户提出创建中文微调项目的需求时，Llama 3 编程助手首先以人性化且幽默的方式作出回应，建立积极的沟通，并表现出对项目的热情。它明确了项目的主要目标是针对中文文本数据对现有的基于变换器的模型 Llama 3 进行微调，并将项目命名为"Llama 3 Chinese Microfine-Tuning Project"。随后，该助手制订了一份详细的分步计划，包括准备数据集和预处理、探索初始权重、超参数调整、权重更新和收敛性检查，以及模型评估和测试等。每一步都是为了确保模型能够更好地适配中文语言特点，从而提升其性能和准确性。在摘要中，该助手概述了整个微调过程，强调了通过超参数调整、权重更新和评估测试来提升模型性能的重要性。项目的成功实施依赖于精心的数据准备、对初始模型权重的深入分析，以及微调后对模型准确性和有效性的全面评估。通过这样的规划，Llama 3 编程助手为用户提供了一个清晰、结构化的项目实施蓝图，确保用户能够按照既定步骤高效地完成中文微调任务，从而提升 Llama 3 在中文自然语言处理任务上的表现。

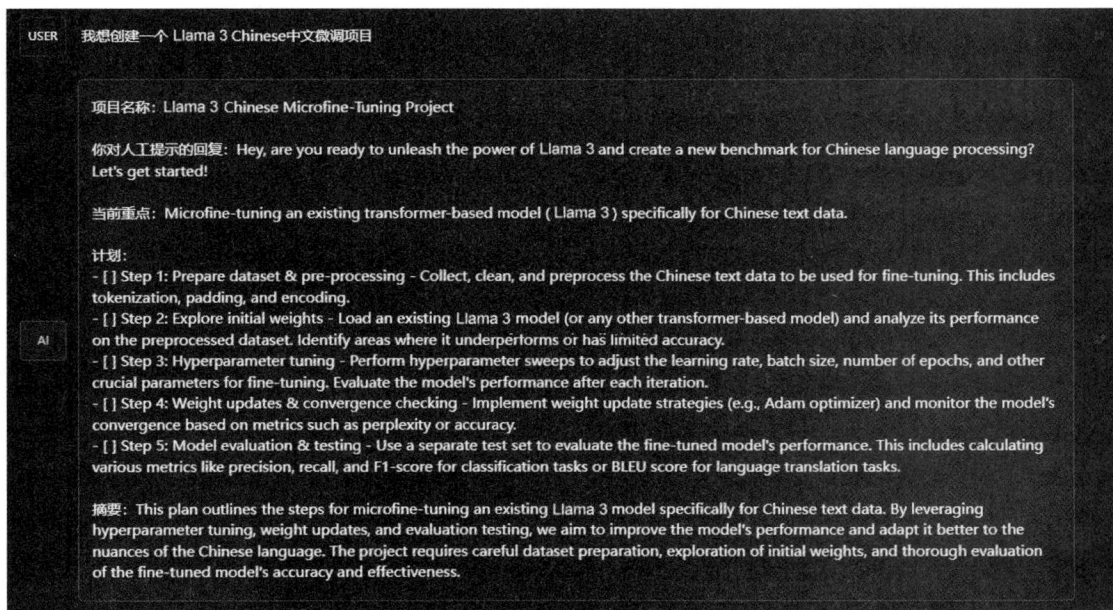

USER　我想创建一个 Llama 3 Chinese中文微调项目

项目名称： Llama 3 Chinese Microfine-Tuning Project

你对人工提示的回复： Hey, are you ready to unleash the power of Llama 3 and create a new benchmark for Chinese language processing? Let's get started!

当前重点： Microfine-tuning an existing transformer-based model (Llama 3) specifically for Chinese text data.

计划：
- [ ] Step 1: Prepare dataset & pre-processing - Collect, clean, and preprocess the Chinese text data to be used for fine-tuning. This includes tokenization, padding, and encoding.
- [ ] Step 2: Explore initial weights - Load an existing Llama 3 model (or any other transformer-based model) and analyze its performance on the preprocessed dataset. Identify areas where it underperforms or has limited accuracy.
- [ ] Step 3: Hyperparameter tuning - Perform hyperparameter sweeps to adjust the learning rate, batch size, number of epochs, and other crucial parameters for fine-tuning. Evaluate the model's performance after each iteration.
- [ ] Step 4: Weight updates & convergence checking - Implement weight update strategies (e.g., Adam optimizer) and monitor the model's convergence based on metrics such as perplexity or accuracy.
- [ ] Step 5: Model evaluation & testing - Use a separate test set to evaluate the fine-tuned model's performance. This includes calculating various metrics like precision, recall, and F1-score for classification tasks or BLEU score for language translation tasks.

摘要： This plan outlines the steps for microfine-tuning an existing Llama 3 model specifically for Chinese text data. By leveraging hyperparameter tuning, weight updates, and evaluation testing, we aim to improve the model's performance and adapt it better to the nuances of the Chinese language. The project requires careful dataset preparation, exploration of initial weights, and thorough evaluation of the fine-tuned model's accuracy and effectiveness.

图 5-8　Llama 3 编程助手在 Planner 组件的辅助下生成的回复

图 5-9 给出了 Llama 3 编程助手在 Decisioner 组件的辅助下生成的回复。Llama 3 编程助手在用户提出创建中文 Llama 3 项目的需求时，首先确认了用户的目标，并表现出积极的态度。随后向用户解释了 Llama 3 的基本概念，并询问了项目的具体目标，如翻译、文本生成等。

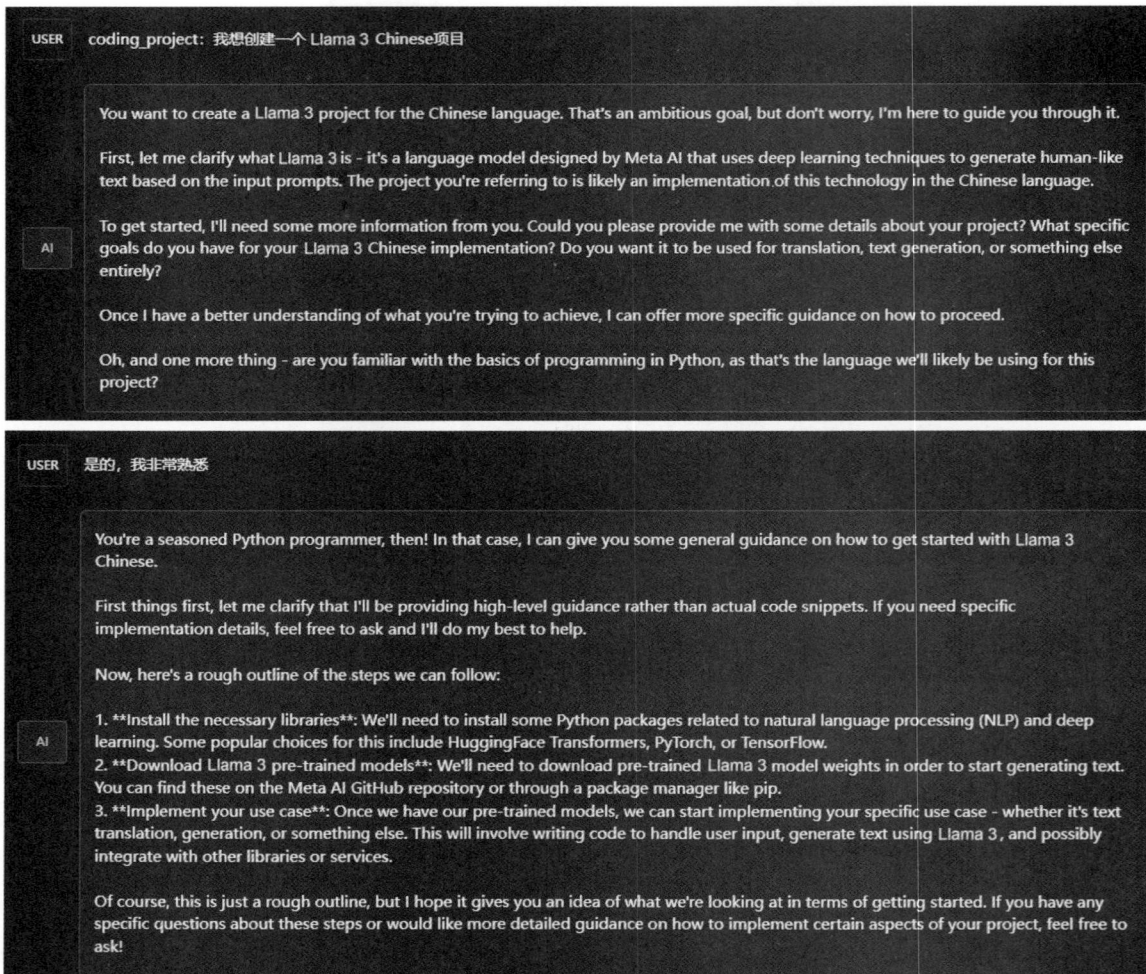

图 5-9　Llama 3 编程助手在 Decisioner 组件的辅助下生成的回复

在得知用户熟悉 Python 后，助手提供了高层次的指导，并概述了项目的初步实施步骤，包括安装自然语言处理和深度学习相关的 Python 包、下载预训练的 Llama 3 以及根据用户的用例进行代码编写等。在这里，该助手会强调这只是开始，并鼓励用户提出更详细的问题，以便提供进一步的帮助。通过这种方式，Llama 3 编程助手清晰地展现了其决策过程，旨在引导用户顺利启动和实施项目。

　　图 5-10 给出了 Llama 3 编程助手在 Coder 组件的辅助下生成的编程结果。可以看出，其给出的代码质量还是比较高的，逻辑也非常清晰，足以媲美一名初级算法工程师。同样，在得知用户熟悉 Python 后，助手会提供高层次的指导，概述项目的初步实施步骤。该助手也会强调这只是开始，并鼓励用户提出更详细的问题，以便提供进一步的帮助。

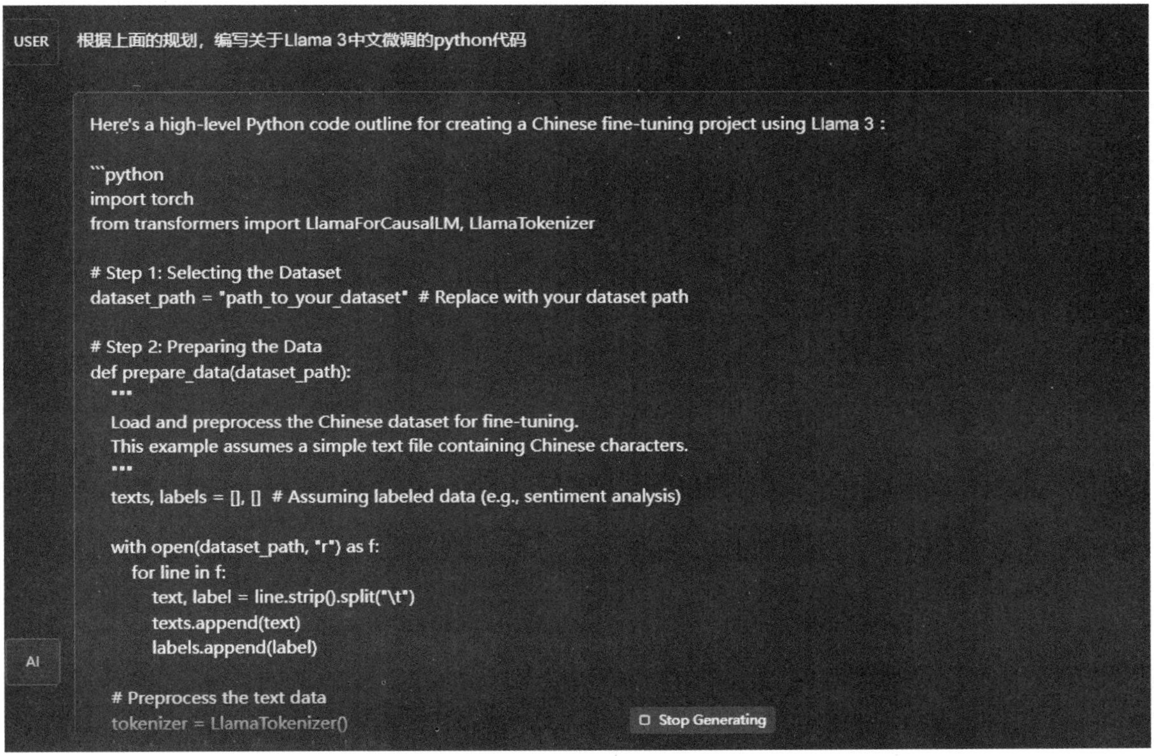

图 5-10　Llama 3 编程助手在 Coder 组件的辅助下生成的编程结果

　　本项目通过精心设计的数据集和微调流程，结合创新的提示工程框架，成功开发出了一个能够理解复杂编程指令并提供有效解决方案的 AI 系统。在项目初期，我们构建了一个高质量的编程指令式数据集，并采用 SFT LoRA 微调技术优化了 Llama 3，使其更加适应编程领域的特定需求。项目的核心是提示工程框架，它由 Planner、Decisioner、Searcher、Projecter 和 Coder 这 5 个组件构成。这 5 个组件协同工作以响应用户的编程需求。

　　在完成微调和框架构建后，会将 Llama 3 SWE-Agent 集成到 LMStudio 环境中。这一集成不仅展示了 AI 助手的交互能力，还使用户能够直观地观察和评估智能体执行任务的过程。

　　该项目成功实现了一个能够与人类开发者协作的 AI 编程助手，它不仅提高了软件开发的效率，还通过创新的技术提升了代码质量。

　　本章项目重点关注 LLM 模块和 Agent 调度模块，这两个模块构成了智能体的基础架构，相当于智能体的"大脑"和"神经中枢"，在系统中发挥着核心的控制与决策作用。

　　在项目的工具（Tool）和动作（Action）层面，未来可以考虑将智能体的功能扩展至其他模块，以便进一步丰富和完善整个系统的功能。例如，在自然语言处理方面，可以考虑采用传统的 BERT 模型来执行关键词信息抽取任务。BERT 模型在理解自然语言和提取关键信息方面具有显著优势，这将帮助编程助手更准确地解析用户的需求和上下文。此外，为了增强智能体的搜索能力，还可以集成如 Bing 搜索这样的 API 接口，使智能体能够访问和检索互联网上的广泛资源，从而提供更全面的问题解决方案。这些工具和动作的集成虽然属于项目的扩展内容，但对于提升编程助手的性能和用户体验至关重要。通过这些扩展，Llama 3 SWE-Agent 将能够提供更加丰富和强大的功能，满足软件开发工程师在编程过程中的多样化需求。

第 **6** 章 Llama 3 私有化落地应用之初级 RAG

本章将探讨 Llama 3 在私有化部署环境中的初步应用，重点关注 RAG 技术在企业级智能系统中的实现路径。通过本章内容，读者将了解如何让 Llama 3 与业务场景紧密结合，实现从理论到实践的转变。此外，本章还将介绍如何通过初级 RAG 技术提升模型在特定领域的性能和适用性。

6.1 私有化大模型的巨大潜力

私有化大模型指的是将预训练的大模型部署在企业自有的硬件环境或私有云平台上，这种方式为企业在数据安全性和自主控制方面带来了显著优势。通过在内部网络中进行操作，企业能够全面掌控数据的流转和处理流程，有效降低了数据泄露或被不当使用的风险。此外，这种部署方式还能满足特定行业和业务场景下的定制化需求。

部署私有化大模型的优势主要包括：保障数据主权、增强数据安全、提升个性化服务能力，以及优化成本效益。这种部署方式能为企业提供安全、可控的运行环境，使其能够更好地掌控数据的存储和处理流程，有效避免将敏感信息泄露给公有云服务提供商或第三方。此外，它还使企业能够遵守地域性数据保护法规，如欧洲联盟（简称欧盟）的《通用数据保护条例》（General Data Protection Regulation，GDPR）以及我国颁布的《中华人民共和国个人信息保护法》等法律法规。

私有化大模型尤其适合对数据隐私和安全要求极高的企业，如金融、医疗等行业。它可确保数据完全在本地处理，避免了数据传输过程中的泄露风险。

从技术方面来讲，部署私有化大模型并进行行业版/企业版微调或领域知识增强，除了增强数据安全与隐私保护，还能提高模型的针对性和有效性。通过微调，可以让模型适应特定的业务场景和数据特点，如使用特定行业的术语、处理行业特有的交互模式等。

市场趋势表明，随着大模型技术的不断进步，部署私有化大模型正逐步成为主流方向。越来越多的企业倾向于在自有基础设施上部署 AI 模型，以确保数据的安全性，并实现模型的定制化。这一趋势在金融、医疗等数据敏感行业中尤为突出。

在金融行业，私有化大模型的典型应用案例包括风险评估、信贷审批、欺诈检测等。例如，某银行利用生成式 AI 优化软件开发流程，涵盖开发、测试及用户故事生成等多个环节。在医疗行业，BioBERT 是一个专为生物医学文献搜索和分析而设计的 BERT 变体模型。通过对生物医学文献的进一步训练，BioBERT 能够更准确地理解医学术语和概念，可广泛应用于疾病关联分析、药物发现等研究领域。在法律行业，ChatLaw 作为一个开源的法律大模型，基于大量法律新闻、法律论坛内容、法条及司法解释等原始文本构建对话数据集，以提供法律咨询和案件分析服务。在教育领域，网易有道团队推出的子曰大模型专注于教育垂直领域，它作为基座模型支持多种下游任务，可向各类应用场景提供语义理解、知识表达等基础能力。在电商行业，是达摩院自然语言处理团队推出的 EcomGPT 模型，通过在电商指令数据集上进一步训练，提高了对各类电商任务的精准处理能力。在汽车行业，大模型已经开始全面赋能汽车产业链并形成典型的应用场景（包括智能驾驶、智能座舱、营销内容生成、设计助手等）。智能客服领域也在使用私有化大模型。例如，容联七陌推出的新一代大模型智能客服解决方案显著增强了意图理解、答案生成及情绪理解的能力，使智能客服更加贴近真人对话。

总体来说，部署私有化大模型是企业在人工智能时代保持竞争力的重要策略，也是实现数据驱动智能化转型的关键路径。随着技术的发展和成本的降低，预计将来会有越来越多的企业采用私有化大模型来提升自身的业务能力和市场竞争力。

6.2 在落地场景中比较微调与 RAG

在人工智能领域，微调和 RAG 是两种提升模型性能的方法，它们在特定落地场景中各有优势和挑战。

微调通常指在预训练模型的基础上，使用特定领域的数据继续训练以适应具体任务。这种方法在处理需要模型精准理解特定领域知识的场景中非常有效。微调的优势在于能够使模型更好地理解和生成特定风格的语言，并提供更为精确的答案。然而，微调的成本通常较高，因为它需要基于高质量的、特定领域的数据集进行训练。获取和清洗这些数据的成本可能非常昂贵，尤其是当需要特定格式的数据时。此外，微调过程本身也需要消耗大量的计算资源。

与微调不同，RAG 是一种结合了检索和生成的方法，它首先从一个大规模文档集合中检索出相关的信息，然后基于这些信息辅助生成模型产生回答。RAG 的优势在于其能够有效处理非结构化的文档（如 PDF、Word 文档），甚至是图片和表格。RAG 的部署成本通常较低，因为它不需要依赖特定领域的高质量数据集。RAG 可以直接从广泛存在的非结构化数据中检索信息，这些数据往往更容易获取且不需要复杂的清洗和预处理流程。因此，RAG 特别适合处理大量非结构化数据，这些数据可能难以通过人工方式进行整理和分析。

值得一提的是，高质量的问答对是微调过程中极为宝贵的资源，通常被视为企业的核心知识资产。这类数据具有高度结构化和专业性，能够帮助模型深入理解特定领域的知识并生成精准的回答。相比之下，RAG 并不依赖这种结构清晰的数据形式，而是更擅长利用未整理的原始材料进行推理和生成。

尽管 RAG 在处理非结构化数据方面展现出显著优势，但由于其依赖外部信息检索机制，整体准确性通常低于微调。尤其在面对高度专业化或需要精确判断的任务时，RAG 可能无法达到微调模型的输出质量。虽然可以通过更新向量数据库、优化检索器等方式提升效果，但其稳定性与精度仍难以完全媲美微调方案。此外，与传统的结构化数据库、知识图谱或专家系统相比，RAG 在可解释性和一致性方面也存在一定局限。

在实际应用中，微调与 RAG 并非对立关系，而是可以互为补充。RAG 更适合快速构建一个能够理解和响应广泛文档内容的智能系统，而微调则更适合那些对输出精度、专业性和合规性要求较高的场景。企业在选择策略时，应综合考虑自身需求、可用数据类型、预算和技术能力等因素。例如，在金融、医疗等对准确性要求极高的行业，微调可能是更优的选择；而在法律文书分析、客服问答等需处理大量非结构化文档的场景中，RAG 则因其灵活性和较低的部署门槛成为更具性价比的解决方案。

总之，微调和 RAG 都是提升大模型在特定任务中性能的有效方法。微调在特定任务中可能更适用，但需要充足的任务相关数据以及较高的训练成本。RAG 则在成本控制和处理大规模非结构化数据方面具有优势。具体选用哪种方法，应根据应用需求和任务来决定。

6.3　M3E、E5、Tao8k 等第一代向量编码模型

在自然语言处理领域，向量编码模型是将文本映射为数值向量表示的重要工具，广泛应用

于文本相似度计算、语义匹配、检索排序、聚类分析等下游任务，是构建 RAG 系统的重要基础设施。随着大模型技术的发展，早期的句向量编码器不断演化，逐渐形成了具有代表性的第一代向量化技术路线。以下对其中几个典型模型进行分析。

- M3E 模型：由 MokaAI 训练，是一款中英文双语的向量编码模型。其训练策略融合了同质文本相似度任务与异质文本检索任务，具备良好的跨语言语义对齐能力。M3E 模型特别适合用于中英文混合语料场景下的语义检索和文本相似度计算，是国内较早实现广泛应用的通用 Embedding 模型之一。

- E5 模型：由微软提出，采用两阶段训练流程。第一阶段在 CCPairs 弱监督数据集上进行对比学习预训练，第二阶段则在人工标注的高质量句对数据上进行精调。E5 模型支持多语言输入，提供了多种规模版本（small、base、large），用以平衡性能与推理速度，适合用于精度要求较高的向量检索系统。

- Tao8K 模型：由 Huggingface 开发者 amu 研发，是一款支持 8000Token 上下文长度的长文本向量编码模型。作为目前中文长文本 Embeddings 领域的佼佼者，它尤其适合用于处理大规模文本数据的应用场景。

- Text2vec：一个集成式的中文句向量生成工具包，支持 BERT、CoSENT、SBERT 等多种编码器结构，可用于文本匹配、信息检索、问答系统等任务。其开源组件丰富，适合在自定义语料场景下快速完成文本向量建模，是构建小型语义搜索系统的实用工具。

- Erine 模型：由百度提出，基于 BERT 架构改进而得到的模型。通过引入知识掩码（Knowledge Masking）机制增强了语言表示能力，能支持更复杂的语言结构建模。该模型在设计上特别注重长文本的语义建模能力，因此常用于文本分类、命名实体识别、问答系统等深语义理解场景。

- All-MiniLM-L6-v2 模型：由微软训练，属于轻量级预训练语言模型，支持超过 60 种语言的多语言建模，适用于跨语言检索与文本匹配任务。其参数规模较小，推理速度快，在资源受限的环境下仍具备较高的实用价值，广泛用于多语言文本分类、轻量型问答等任务。

在选择向量化模型时，应综合考虑多个关键因素，包括模型的多语言支持能力、文本处理性能、检索精度、资源消耗情况，以及模型的规模和训练数据的多样性。例如，M3E 模型专注于中英文双语处理，E5 模型在多语言支持和精度上表现优异，Tao8K 模型在长文本处理方面有其独特的优势，Erine 模型的长文本语义建模能力强，而 Text2vec 和 All-MiniLM-L6-v2 模型则在资源受限的环境下表现良好。

下面的示例代码使用 sentence_transformers 库生成文本的嵌入向量，并计算它们之间的语义相似度。首先，导入 SentenceTransformer 类，这是一个用于生成句子嵌入的工具。然后，定义一个包含两个示例句子的列表 sentences。接着，加载位于特定文件路径下的 M3E 模型。M3E 模型在大规模的中文和英文数据上进行了预训练，能够有效理解和生成高质量的中英文文本。它使用 model.encode 方法将句子列表转换为嵌入向量。该方法接受两个参数：sentences 表示要编码的句子列表，normalize_embeddings=True 表示返回的嵌入向量将被归一化处理，这有助于后续计算相似度时提高数值的稳定性。在示例代码中，embeddings_1 和 embeddings_2 是两组相同的嵌入向量。为了方便演示，这里对同一个句子集合进行了两次编码。Print (embeddings_ 1.shape)打印出嵌入向量的维度，输出结果为(2，768)，它表示有两个句子，每个句子被编码为一个 768 维的向量。接下来，使用矩阵乘法运算符@计算 embeddings_1 和 embeddings_2.T 之间的相似度。结果 similarity 是一个 2×2 的矩阵，其中的每个元素代表对应两个句子之间的相似度分数。最后，打印相似度矩阵，该矩阵可以用于进一步分析，比如判断句子之间的语义相关性，或者在信息检索和文本聚类等任务中使用。

```
from sentence_transformers import SentenceTransformer

sentences = ["样例数据-1", "样例数据-2"]
model = SentenceTransformer(m3e-base)
embeddings_1 = model.encode(sentences, normalize_embeddings=True)
embeddings_2 = model.encode(sentences, normalize_embeddings=True)
print(embeddings_1.shape) #(2,768)
similarity = embeddings_1 @ embeddings_2.T
print(similarity)
```

注意　此处对模型代数的划分大致依据其出现时间的先后顺序展开，但这种划分方式并非严格遵循技术层面的定义，通常而言，模型发布时间越晚，其整体性能和效果往往越好。M3E 是一款非常经典的向量化模型，在第一代模型中表现突出。但现在来看，其准确性（即对语义理解的精确程度）是有限的。

6.4　知识库中的向量编码库与向量数据库

在构建知识库的过程中，选择合适的向量化数据存储方式至关重要。向量编码库和向量数据库是两种常见的方式，它们各自具有独特的特点和适用场景。

向量编码库是一种相对简单的向量化数据存储方式，它通过向量模型将文本或数据转换为向量形式后进行存储，通常仅以文本文件形式保存在磁盘上，而不经过进一步的结构化处理。这种方式的优势在于实现简便，不需要依赖复杂的数据库系统或额外的管理工具。但其局限性也较为明显：不具备索引机制，查询性能较差；数据更新操作复杂，难以支持高频检索和动态扩展。一旦需要更新或替换向量内容，往往需要整体重编码并重新写入，运维效率较低。

相较之下，向量数据库是一种专门针对向量数据设计的高性能存储与检索系统。它不仅支持基本的增删改查操作，还内置了高效的相似度索引机制，如 HNSW（Hierarchical Navigable Small World）、IVF（Inverted File）、PQ（Product Quantization）等。向量数据库可在大规模语义空间中快速完成相似性搜索，已被广泛应用于图像检索、推荐系统、语义搜索等典型场景。此外，大多数向量数据库还提供了 RESTful API、gRPC 或多种编程语言的 SDK，便于集成到复杂的工程系统中。

在选择知识库的构建方式时，需要考虑以下几个因素。

- 数据更新频率：如果数据需要频繁更新，那么向量数据库可能是更好的选择，因为它提供了更强的数据管理能力。相比之下，向量编码库在数据更新时可能需要重新处理整个数据集，这在数据量较大时会非常耗时。
- 查询需求：如果需要进行复杂的查询操作，比如多条件搜索或相似性搜索，向量数据库能够提供更高效的解决方案。向量编码库由于缺乏索引机制，通常不支持高效的数据检索。
- 数据规模：对于大规模数据集，向量数据库通常能够提供更好的性能和扩展性。它们支持分布式存储和计算架构，能够高效处理大量的向量数据。相比之下，向量编码库在处理大规模数据时容易遇到性能瓶颈。
- 维护成本：向量编码库的维护成本相对较低，因为它们不需要依赖复杂的数据库系统。然而，随着数据规模的增长，这种简易性可能逐渐成为限制因素，导致数据管理和检索效率降低。
- 应用场景：如果应用场景需要处理非结构化数据，并且需要进行高效的相似性搜索，那么向量数据库可能更适合。例如，在图像识别或自然语言处理等领域，向量数据库可以提供强大的搜索和匹配能力。

在实际应用中，也可以将向量编码库和向量数据库结合起来使用，以充分发挥各自的优势。例如，可以将不常变动的数据存储在向量编码库中，以简化存储和处理流程；而将需要频繁检索的数据存储在向量数据库中，以提高检索效率。此外，还可以采用混合存储方案，将结构化数据存储在传统数据库中，而将非结构化数据存储在向量数据库中。

在构建知识库时，应综合考虑数据的特点、应用场景及系统的维护成本等因素，选择最合适的数据存储方式。通过合理的设计和选择，可以构建出既高效又可靠的知识库系统，为各种应用提供强大的数据支持。

以下是一些被广泛认为好用的向量数据库。

- Milvus：一个开源的向量数据库，专为处理大规模向量相似性搜索而设计。它支持多种索引类型，如 IVF、HNSW 等，能够稳定管理数十亿甚至更大规模的向量数据。Milvus 提供了丰富的 API 和 SDK，支持 Python、Java 等多种编程语言，便于开发者轻松集成和使用。

- Pinecone：一个基于云服务的向量数据库，提供高性能的向量相似性搜索。它支持实时数据更新和分布式扩展，适用于对响应速度和处理规模有较高要求的应用场景。

- Weaviate：一个开源的向量数据库和语义搜索引擎，支持多种向量算法并具备良好的可扩展性，适用于构建语义搜索和推荐系统。

- Qdrant：一个开源的向量数据库和搜索引擎，支持高效的向量相似性计算和大规模数据存储。它提供多种查询接口和扩展插件，适用于构建个性化的搜索和推荐系统。

- Zilliz：它旨在提供高速、大规模和高性能的向量数据处理能力，支持多种向量索引和查询功能，并且拥有易于使用的管理界面和 API。Zilliz 提供了一款完全托管的向量数据库服务——Zilliz Cloud。

- Elasticsearch：虽然它主要用于全文搜索，但也支持向量搜索功能。通过插件（如 Elasticsearch-HNSW），可以实现向量搜索。

- MongoDB：MongoDB Atlas 引入了向量搜索功能，通过专用的向量索引实现高效的相似性匹配。它可以与核心数据库自动同步，赋予集成数据库独立扩展优势。

- Chroma：一种专门设计用来高效管理和查询向量数据的数据库系统，通过采用高效的数据结构和算法优化，它能够快速处理和检索大量的向量数据。

- PGVector：PostgreSQL 数据库的一个扩展，允许在 PostgreSQL 数据库中存储、查询和索引向量数据。PGVector 支持多种向量索引类型，如 HNSW 和 IVFFlat，这些索引可以显著提高向量搜索的效率。

- Vespa：雅虎开发的一款高性能搜索引擎和向量数据库。它支持多种数据类型，具备灵活的查询方式，适用于各种复杂的搜索和推荐场景。

在选择向量数据库时，应考虑数据规模、查询性能、扩展性、易用性，以及与现有系统的兼容性等因素。不同类型的向量数据库适合不同的应用场景和业务需求，因此应根据项目的具体要求进行选择。

注意 本书后续章节将选择更适合私有化部署的向量数据库（如 Faiss），并结合 Llama 3 进行实践操作。作为 Meta 推出的高性能向量数据库，Faiss 具备丰富的索引结构和强大的 GPU 加速能力，是构建私有化 RAG 系统的优选方案之一。

6.5 ChatPDF 案例——与单篇文档对话

ChatPDF 是一款创新的人工智能工具，它通过自然语言处理技术使用户能够以对话的形式与 PDF 文件进行交互。这款工具首先通过分析 PDF 文件来创建语义索引，然后利用文本生成 AI 来帮助用户快速检索和获取文档中的信息。ChatPDF 的出现为多个领域带来了显著便利，特别适用于研究、学习和办公等场景，它能够帮助用户节省大量翻阅文档的时间，提高效率。用户只需上传 PDF 文件到 ChatPDF 平台即可针对文件内容提问，它会即时从文件内容中提取相关信息并给出答案。这一过程不仅高效，而且支持多语言交互，使得信息检索变得更加简单和准确。

ChatPDF 的应用场景非常广泛，它不仅可以辅助研究人员快速筛选和解读学术论文，帮助学生理解复杂的教材和资料，还能协助职场人士处理大量的工作报告和合同文本，甚至在法律服务领域，它也能帮助律师快速查找相关法律条文和案例。

以下是对 ChatPDF 项目中关键代码的详细分析和解释。

1. SentenceSplitter 类

函数 split_text 是 SentenceSplitter 类的主要方法。SentenceSplitter 类负责将长文本分割成小块，这是处理长文本数据的一个重要步骤，尤其是在处理 PDF 文件时。文本分割有助于提高后续处理步骤的效率和准确性。

```
def split_text(self, text: str) -> List[str]:
    if self._is_has_chinese(text):
        return self._split_chinese_text(text)
    else:
        return self._split_english_text(text)
```

在 split_text 方法中，首先判断文本是否包含中文字符，如果是，则使用_split_chinese_text 方法进行分割；否则使用_split_english_text 方法。这种处理方式的选择是基于语言特性的差异——中文和英文在句子结构和分隔方式上存在显著区别。

2. ChatPDF 类

ChatPDF 类是整个项目的核心，它集成了多个组件，包括文本分割、文档解析、模型初始化、问题回答等功能。下面代码中的__init__函数是 ChatPDF 类的构造函数。

```
def __init__(
    self,
    similarity_model: SimilarityABC = None,
    generate_model_type: str = "auto",
    generate_model_name_or_path: str = "Yi-6B-Chat-4bits",
    lora_model_name_or_path: str = None,
    corpus_files: Union[str, List[str]] = None,
    save_corpus_emb_dir: str = "./corpus_embs/",
    chunk_size: int = 250,
    chunk_overlap: int = 50,
):
```

在 ChatPDF 类的构造函数中，可以传入不同的参数来初始化对象。similarity_model 参数用于指定相似性模型，generate_model_type 和 generate_model_name_or_path 用于指定生成模型的类型和路径。corpus_files 参数用于加载语料库文件，而 save_corpus_emb_dir 参数用于指定保存语料库嵌入的目录。

3．文本处理

ChatPDF 类包含处理不同类型文档的方法，这些方法使用特定的库来提取文本内容。

```
@staticmethod
def extract_text_from_pdf(file_path: str):
    # Extract text from PDF file...
```

在上述代码中，extract_text_from_pdf 方法使用 PyPDF2 库从 PDF 文件中提取文本。PDF 文件的处理通常比较复杂，因为它们可能包含格式化文本、图像和其他非文本元素。该方法通过读取 PDF 的每一页来提取文本内容，并且会将这些文本内容组合成一个连续的字符串。

4．模型初始化

_init_gen_model 方法用于初始化生成模型，这是生成回答的关键步骤。

```
def _init_gen_model(
    self,
    gen_model_type: str,
    gen_model_name_or_path: str,
    peft_name: str = None
):
    # Initialization of the generation model...
```

该方法根据传入的模型类型和路径初始化模型。如果提供了 peft_name 参数，则还会加载 PEFT。PEFT 是一种模型微调技术，可以提高模型在特定任务上的表现。

5. 生成回答

stream_generate_answer 方法使用 PyTorch 的 inference_mode 装饰器来优化推理过程。它通过 TextIteratorStreamer 逐块生成文本。这种方法可以实时生成回答，而不需要等待完整的回答生成。

```
@torch.inference_mode()
def stream_generate_answer(
        self,
        max_new_tokens=512,
        temperature=0.7,
        repetition_penalty=1.0,
        context_len=2048
):
    # Generate predictions stream...
```

predict_stream 和 predict 方法用于生成回答，可被 stream_generate_answer 调用。predict_stream 方法使用流式生成器逐块生成回答，而 predict 方法则用于生成完整的回答。

6. 保存和加载语料库嵌入

save_corpus_emb 和 load_corpus_emb 方法用于保存和加载语料库的嵌入向量。save_corpus_emb 方法的示例代码如下。

```
def save_corpus_emb(self):
    # Save corpus embeddings...
```

上述两种方法对于持久化语料库的嵌入向量都非常重要，因为它们可以在后续的会话中重用，从而提高效率。

7. 主程序

在 if __name__ == "__main__": 块中会实例化 ChatPDF 类，并调用 predict 方法进行测试。

```
if __name__ == "__main__":
    # Create an instance of ChatPDF...
    response, reference_results = m.predict(这篇论文的主旨是什么？)
    print(response)
```

```
print(reference_results)
```

在主程序中，首先创建了一个 ChatPDF 实例，然后使用一个示例问题调用 predict 方法。该方法生成的回答和引用的原文段落都会被打印出来。

ChatPDF 项目展示了如何使用现代自然语言处理技术和大模型来构建一个交互式的文档阅读工具。它通过分割文本、提取文档内容、使用相似性模型检索相关信息，并利用生成模型生成回答等步骤，为用户提供了一个高效、直观的文档阅读体验。图 6-1 展示了 ChatPDF 处理用户提问的示例场景——用户询问一篇论文的主旨。

ChatPDF 基于 Yi-6B 的 4 位量化模型生成了回答，该模型是优化过的大模型，专门用于理解和生成自然语言文本。系统会对用户上传的 PDF 文件进行分析，并提供一个简洁明了的答案。根据分析结果，论文讨论的是在非平行文本基础上进行风格转换的实例，属于机器翻译、解密和情感修改等广泛任务范畴的一部分，其核心在于实现内容与风格的分离，并探讨如何在不改变内容的情况下将句子从一种风格转换为另一种风格。此外，ChatPDF 还列出了与问题最相关的前 5 个原文段落，这些段落是从 PDF 文件中提取出来的，与用户的问题最匹配，因此被作为生成答案的背景知识。这些段落被认为最有可能包含问题的答案，每个段落都有一个编号，方便用户快速定位到文档中的相应位置。例如，图 6-1 中的第一个段落直接关联到用户问题的核心，即论文的主旨。

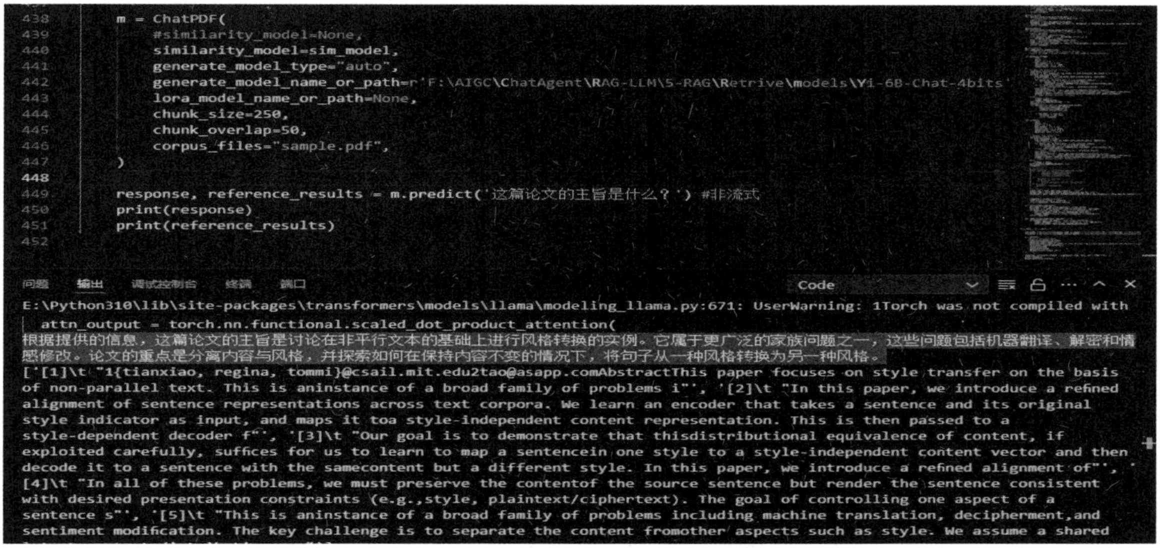

图 6-1　ChatPDF 处理用户提问的示例

在整个过程中，ChatPDF 使用相似性模型来评估文档中的每个部分与用户问题的相关性，并结合生成模型基于上下文生成回答。

　　这种融合先进的自然语言处理技术和大模型的方法，为用户提供了一个强大的工具，可以快速理解和回答有关文档内容的问题。通过展示生成的答案和相关的原文段落，ChatPDF 不仅提高了回答的透明度，也增强了可信度。这种类型的工具在学术研究、法律分析和企业知识管理等领域具有广泛的应用潜力。

第 **7** 章 Llama 3 私有化落地应用 之进阶 RAG

本章将深入探讨 Llama 3 的私有化部署方案，并重点介绍进阶的 RAG 技术。此外，还会详细阐述如何通过第二代和第三代向量编码模型，以及多渠道检索和精准指令向量化方法，进一步提升模型的落地效果。通过本章的学习，读者将掌握如何将这些关键技术应用于实际场景，以实现更精准的业务需求匹配和性能优化。

7.1 BGE、BCE、ACGE 等第二代向量编码模型

BGE（BAAI General Embedding）模型是由北京智源人工智能研究院（BAAI）开发的一系列文本嵌入模型，其利用深度学习技术将文本转换为固定长度的向量。BGE 模型特别适合用于处理中文文本，能够捕捉到词汇、句子乃至段落级别的语义信息。它在文本分类、情感分析、问答系统等各类自然语言处理任务中都有广泛的应用。BGE 模型的显著特点是它具有可扩展性和灵活性，可以根据不同的需求进行定制和优化。

BCE（BCEmbedding）模型是网易有道开发的一种文本向量化模型，专注于捕捉文本中的概念和实体信息。BCE 模型特别适合处理需要理解文本中特定实体和概念的任务，如知识图谱构建、命名实体识别等。BCE 模型通过将文本映射到一个高维语义空间，使得语义上相近的词汇或短语在向量空间中的距离也更相近，从而实现高效的文本相似度计算和检索。

ACGE 模型是由上海合合信息科技股份有限公司发布的中文文本向量化模型，在中文文本向量化领域取得了重大突破，并在 C-MTEB 中文榜单中位列第一。ACGE 模型使用的是 Matryoshka Representation Learning 技术，支持在不同场景下构建通用分类模型，这不仅提升了长文档信息抽取精度，而且应用成本相对较低。ACGE 模型的输入文本长度为

1024 个字符，能够满足绝大部分场景的需求。它具备可变输出维度，让企业能够根据具体场景去合理分配资源。

Stella 模型是一种强大的中文文本编码模型，它能够处理长达 1024 个字符的输入，这使得它在处理长文本时具有显著优势。Stella 模型在多个评测基准上展现出了优秀的性能，尤其在长文本处理方面表现尤为出色。它能够将文本转换为高维向量，这些向量能够捕捉文本的深层语义信息，适用于文本相似度计算、文本聚类、信息检索等各种自然语言处理任务。

Jina Embeddings V3 是 Jina AI 推出的一种拥有 5.7 亿参数的顶级文本向量化模型，该模型在多语言和长文本检索任务上达到了当前最佳水平（SOTA）。Jina Embeddings V3 支持 89 种语言，并且可以根据不同下游任务生成定制化向量表示，非常适合部署到生产环境和边缘设备中。该模型在处理多语言文本时表现出色，能够理解和捕捉各种语言的细微语义差别，这种优势在全球化的应用场景中尤为重要。

接下来，我们以 BGE 模型为例，使用 sentence_transformers 库来生成文本的嵌入向量，并计算这些向量之间的相似度。以下是相关代码的关键部分。

（1）模型加载

```
model = SentenceTransformer(bge-m3)
```

上述代码加载了一个名为 bge-m3 的句子嵌入模型。模型文件位于指定的文件路径下。

（2）文本编码

```
sentences = ["数据1", "数据2"]
embeddings_1 = model.encode(sentences, normalize_embeddings=True)
embeddings_2 = model.encode(sentences, normalize_embeddings=True)
```

在上述代码中，encode 方法用于将输入的文本列表 sentences 转换为对应的嵌入向量。normalize_embeddings=True 参数表示在返回结果前对嵌入向量进行归一化处理。

（3）向量形状

```
print(embeddings_1.shape) #(2,1024)
```

上述代码用于打印嵌入向量的维度，结果显示每个句子均被编码为一个 1024 维的向量。由于共有两个句子，因此输出形状为(2, 1024)。

（4）计算相似度

```
similarity = embeddings_1 @ embeddings_2.T
print(similarity)
```

上述代码使用矩阵乘法来计算两组嵌入向量之间的余弦相似度。embeddings_1 @ embeddings_2.T 实际上是计算两个嵌入向量集合之间的点积，其结果是一个 2×2 的矩阵，矩阵中的每个元素均表示两个句子之间的相似度。上述代码展示了如何使用 sentence_transformers 库生成文本的嵌入向量，并计算它们之间的相似度。这种能力在文本相似度比较、聚类分析等任务中非常有用。

7.2　多渠道检索数据来源

在构建对精度要求较高的业务场景时，单纯依靠基于非结构化文档构建的 RAG 知识库，往往难以满足实际需求。这是因为非结构化数据通常缺乏明确的组织和结构，在信息检索和生成回答的过程中，可能出现不够精确的情况。为了提升 RAG 系统的性能，企业或组织通常会采用多源数据融合的策略，将数据库、知识图谱、专家系统等结构化数据平台有机结合。这种多渠道检索数据来源的方式，能够为系统提供更丰富、更准确的信息支撑，从而提升整个系统的性能。

（1）Elasticsearch 检索

下面的代码展示了如何使用 Elasticsearch 进行数据检索。Elasticsearch 是一个基于 Lucene 的搜索引擎，它是一个分布式、支持多租户的全文搜索引擎，具有 HTTP Web 接口和无模式 JSON 文档等特点。

```python
from elasticsearch import Elasticsearch

host = "http://localhost:9200"
es = Elasticsearch(host)
```

下面这段代码首先初始化一个 Elasticsearch 客户端，并连接到本地的 Elasticsearch 服务。然后创建一个文档并将其添加到 test-index 索引下，文档 ID 为 1。文档包含了作者、文本内容和时间戳。

```python
doc = {
    "author": "kimchy",
    "text": "Elasticsearch: cool. bonsai cool.",
    "timestamp": 2024,
}
resp = es.index(index="test-index", id=1, document=doc)
```

下面的代码展示了如何使用 Elasticsearch 的领域特定语言（Domain Specific Language，DSL）来执行一个简单的 term 查询，从而检索所有 author 字段为 kimchy 的文档。

```python
body = {
    "query":{
```

```
        "term":{
          "author":"kimchy"
        }
    }
}
print(es.search(index="test-index",body=body))
```

（2）Fess 检索

下面的代码展示了如何使用 Fess（一个基于 Elasticsearch 的开源企业搜索服务器）进行数据检索。

```
import requests

url = "http://127.0.0.1:8080/api/search?q=snn"
response = requests.get(url)
print(response.text)
```

上述代码通过向 Fess 的 API 发送 HTTP GET 请求来执行查询操作。查询所使用的关键字是 snn，结果将被打印出来。

（3）MongoDB 数据库操作

MongoDB 是一个高性能、高可用和易扩展的 NoSQL 数据库，它以文档作为数据存储的基础单元，采用 BSON 格式存储数据。BSON 格式支持存储数组、嵌套对象等复杂数据类型，这使得 MongoDB 非常适合存储多样化数据和非结构化数据。

MongoDB 中的文档被组织在集合中，这些集合类似于关系数据库中的表格，但集合不需要遵循固定的模式，这种特性赋予了数据存储更高的灵活性。在性能方面，MongoDB 的数据读写能力表现卓越，尤其擅长处理大规模数据集。在保障高可用性方面，MongoDB 借助副本集机制来实现。副本集由一组存储相同数据集的服务器构成，不仅实现了数据的冗余存储，还具备自动故障转移功能。

此外，MongoDB 支持水平扩展，可利用分片技术将数据分布到多个服务器上，从而从容应对大规模的数据集处理任务。MongoDB 的查询语言功能强大，允许用户执行复杂的数据查询操作。它还支持创建多种类型的索引来优化查询性能。MongoDB 的聚合框架提供了一种灵活的方式来处理数据，支持执行复杂的数据汇总和处理任务。

安全性也是 MongoDB 的一个重要特性，其内置的安全体系包括认证、授权和加密等多种安全防护机制。此外，MongoDB 还支持在服务器端运行 JavaScript 代码，从而能够在数据库层面编写和执行复杂的逻辑。对于大文件存储，MongoDB 提供了 GridFS 这一实用的解决方案，从而能够存储和检索超过 BSON 文档大小限制的文件。

凭借这些特性，MongoDB 成为大数据应用、实时分析和内容管理系统等场景的理想选择。MongoDB 具备灵活性和可扩展性，能够应对不断变化的业务需求和数据增长。

下面的示例展示了如何使用 MongoDB 进行数据的创建、读取、更新和删除（CRUD）操作。

```
import pymongo

client = pymongo.MongoClient("mongodb://localhost:27017/")
db = client["staringdb"]
```

上述代码的作用是连接本地的 MongoDB 实例，并选择 staringdb 数据库。

```
collection = db["customers"]
data = {"name": "John", "address": "Highway 37"}
result = collection.insert_one(data)
```

上述代码向 customers 集合中插入了一条新数据。

```
query = {"name": "John"}
result = collection.find(query)
```

上述代码展示了如何根据条件查询数据。

```
query = {"name": "John"}
new_values = {"$set": {"address": "Canyon 123"}}
result = collection.update_one(query, new_values)
```

上述代码更新了满足条件的文档。

```
python
query = {"name": "John"}
result = collection.delete_one(query)
```

上述代码删除了满足条件的文档。

（4）Neo4j 知识图谱操作

下面的示例展示了利用 Neo4j 进行图数据库（知识图谱）操作的方法。

```
from py2neo import Graph, Node, Relationship

graph = Graph("http://localhost:7474",auth=("neo4j", "123456"))
```

上述代码用于连接到本地的 Neo4j 数据库。

```
node1 = Node(person, name = chenjianbo)
node2 = Node(major, name = software)
node3 = Node(person, name = bobo)
```

上述代码创建了分别表示人和专业的三个节点。

```
maojor = Relationship(node1, 专业, node2)
friends = Relationship(node1, 朋友, node3)
```

上述代码创建了两个关系，即专业关系和朋友关系。

（5）Spark 大数据处理

下面的示例展示了如何使用 Apache Spark 进行大数据处理。

```
from pyspark import SparkConf, SparkContext

conf = SparkConf().setMaster("local[*]")
spark = SparkContext(conf=conf)
```

上述代码初始化了一个 Spark 上下文。

```
rdd_init = spark.textFile("sparkinput.txt")
kv = rdd_init.flatMap(lambda line: line.split(" ")).map(lambda word: (word, 1))
wordCounts = kv.reduceByKey(lambda a, b: a + b)
```

上述代码读取了一个文本文件，并进行了词频统计。

```
wordCounts = wordCounts.map(lambda x: (x[1],
x[0])).sortByKey((False))
print(wordCounts.collect())
```

上述代码用于将词频统计的结果按照频次降序排列并打印。

```
wordCounts.coalesce(1).saveAsTextFile("./sparkoutput/")
```

上述代码用于将处理后的数据保存到输出目录。

通过上面的几个示例，我们了解了多渠道数据检索和处理的过程。借助 Elasticsearch、Fess、MongoDB、Neo4j 和 Spark 等工具，我们可以构建一个强大的多源数据融合平台，为 RAG 系统提供丰富的结构化和非结构化数据支持。这种融合方法不仅可以提高检索的准确性，还可以增强生成内容的相关性和可靠性。在实际应用中，我们可以根据业务需求选择合适的数据源和工具，以构建最适合的数据处理和检索流程。

注意 本节提到的数据存储与操作平台都是业界在实际应用中广泛采用的数据管理工具。这些平台的服务端通常基于 Java 语言构建，或者以 EXE 可执行文件的形式提供，在使用前均需部署配置。本节给出的示例代码则是借助 Python 语言，通过相应的第三方库，以客户端的形式调用和使用这些平台功能的。由于篇幅有限，关于这些数据平台（包括更简单的 MySQL 关系数据库）的安装、使用，以及更为深入的数据处理操作，建议读者自行查阅相关资料进行学习。需要指出的是，这些平台所处理的数据大多以半结构化和结构化的形式存在，因此，在数据预处理阶段，清洗工作越细致，数据的结构化程度越高，后续数据处理与分析的准确度也就越高。

7.3　精准指令向量化

在构建基于 RAG 的系统时，我们常常面临一个挑战：如何精确地识别并处理用户的指令或意图。传统的 RAG 技术依赖于对非结构化数据的语义搜索。虽然这种方法在处理大量的文本数据时具有一定的效果，但对于那些对指令识别精度要求颇高的任务，其局限性便暴露无遗。这是因为非结构化数据的搜索、匹配过程缺乏足够的精确性。此外，在对实时性要求较高的应用场景中，尽管使用大模型进行意图识别具有较高的准确性，但成本高昂且响应时间较长，因此往往难以满足需求。

为了解决上述问题，可以利用向量化模型来提高指令识别的效率和准确性。向量化模型通过将文本转换为高维空间中的向量表示，可以快速完成相似度计算，从而实现对用户指令的高效匹配。相比于大模型，这种方法在处理速度上具有明显优势。如何巧妙地将向量化技术应用于指令识别，在保障快速响应的同时达成精准识别的效果，是这一方案的核心要点。

1．表格文件分析

假设给定的表格文件 instruction.xls 包含了一系列用户指令语义示例（类似于智能客服），以及相关的字段信息，如指令类别领域、关键词、指令回复和指令对应入口等。这些字段信息可以帮助我们更好地理解和处理用户的指令。例如，通过分析"指令语义示例问题"字段，我们可以了解用户可能提出的各种问题；指令类别领域字段能够告诉我们这些问题所属的领域，这对于确定问题的上下文非常有帮助；指令对应入口字段则用于对识别后的指令进行进一步操作，如跳转至某个链接等。

注意　本节所阐述的方法源于笔者在实际业务项目中积累的经验，在实际落地应用时具备极高的实践价值与可操作性。

2．精准指令向量化的数据文件生成

在下面的 instructionsqladd.py 脚本中，我们可以看到如何将指令数据转换为向量化表示。首先使用 pandas 库读取 Excel 文件中的数据。然后利用 SentenceTransformer 模型将每个指令问题转化为对应的向量表示。接着每个问题都被封装成一个字典，该字典包含问题的唯一标识符、原始文本和向量表示。最后，这些字典被统一存储在一个 pickle 文件里。在这个过程中，每个问题都会被映射到高维空间中的一个点上，这些点之间的距离可以反映问题之间的语义相似度。

```
from sentence_transformers import SentenceTransformer
import pandas as pd
import pickle

data = pd.read_excel(instruction.xls)
model = SentenceTransformer(rpath_to_model\bge-m3)

def create():
    vecsql = []
    for i in range(len(data)):
        question = data.iloc[i][0]
        embeddingq = model.encode(question,
normalize_embeddings=True)
        textvecq = np.array(embeddingq)
        textdict = {id:i,textq:question,vecq:textvecq}
        vecsql.append(textdict)

    with open(instructionsql.pickle,wb) as f:
        pickle.dump(vecsql,f)

create()
```

注意　将文本数据及其对应的向量表示（可视为混合的任意类型数据）封装到字典这一数据结构之中，并使用 pickle 进行持久化存储与读取操作是本节内容中的一个亮点。实际上，如果我们深入研究阿里云或腾讯云的向量云数据库，会发现其底层的数据处理逻辑与这种实现思路有着异曲同工之妙。

3. 精准指令向量化的数据文件查询

在下面的 instructionsqlquery.py 脚本中，我们可以看到如何使用向量化数据文件来响应用户的指令。

```
from sentence_transformers.util import cos_sim
import pickle
```

```
def instructionsqlsel(prompt):
    file = open(instructionsql.pickle,rb)
    dataread = pickle.load(file)

    textg = prompt
    embeddingg = model.encode(textg, normalize_embeddings=True)
    textvecg = np.array(embeddingg)

    for i in range(len(dataread)):
        simvaule = cos_sim(textvecg,dataread[i][vecq])
        score.append(simvaule)

    maxsimindex = score.index(max(score))
    maxsimtext = dataread[maxsimindex]["textq"]
    # ...省略其他代码...
    Return
score,scoremaxid,scoremaxvaule,question,cls,keyword,answer,navigation
```

上述代码首先加载已生成向量化指令数据，然后对用户的输入进行编码，并计算其与已有向量化数据之间的相似性。通过定位相似度最高的数据点，系统可以快速确定最匹配的指令，并为用户返回相应的回复内容。

通过将指令数据向量化，并利用高效的相似度计算方法，我们可以在保证准确性的同时显著提升指令识别的速度。这种方法特别适用于对实时性要求较高的应用场景，如智能客服系统。通过这种方式，我们可以为用户提供更快、更准确的服务，同时避免了使用大模型所带来的高昂成本。

7.4 Zpoint、GTE、Xiaobu 等第三代向量编码模型

Zpoint 模型是目前中文句子向量排行榜上的佼佼者，它在语义理解方面表现出色。Zpoint 模型能够将文本数据映射为高维空间中的向量表示，这些向量能够有效捕捉文本的语义信息，进而用在各种下游任务（如文本相似度计算、文本聚类、信息检索等）中。Zpoint 模型的一项关键优势在于其兼具高效性和准确性，在处理大规模数据集时表现尤为突出。

GTE 是由阿里巴巴推出的一种文本嵌入模型，其核心目标是将文本转换为固定维度的连续向量，以便在文本聚类、文本相似度计算等下游任务中使用。GTE 模型通过大规模弱

监督文本对数据进行训练，它会在训练过程中采用多阶段对比学习的训练方法，来提高模型的语义表征能力。

Xiaobu 是由中国的一群研究者和开发者共同开发的文本嵌入模型。它基于深度学习技术将文本数据映射到低维稠密的向量空间中，从而使机器能够更有效地理解和处理自然语言。Xiaobu 模型在中文文本处理方面表现出色，适用于各种自然语言处理任务，如文本分类、情感分析等。

Yinka 是一种新兴的文本向量化模型，它基于先进的深度学习算法将文本数据有效地转化为数值向量表示。Yinka 模型在处理长文本和复杂语义时表现出色，能够捕捉到文本中的细微语义差别，在多个自然语言处理任务中表现优异。

Nomic 是一种轻量级向量化模型（约 512MB），下载速度快，适合作为将文档转换为向量数据库的工具。通过向量化处理，Nomic 模型能够帮助大模型更高效地理解文档内容。它特别适合需要快速部署和处理大量文档的应用场景，如企业知识库、文档管理系统等。Nomic 模型小巧、高效，即使在资源受限的环境中也能够展现良好的性能。

下面以 Zpoint 模型为例来介绍如何使用 sentence_transformers 库进行文本向量化和相似度计算。

（1）模型加载

```
model = SentenceTransformer(zpoint_large_embedding_zh)
```

上述代码加载了名为 zpoint_large_embedding_zh 的预训练模型。这个模型专为中文语境设计，能够将中文句子转化为高维空间中的向量表示。zpoint_large_emb edding_zh 模型对应 Hugging Face 模型库中的一个特定模型，该模型经过训练能够捕捉中文文本的语义特征。

（2）文本编码

```
embeddings_1 = model.encode(sentences1,normalize_embeddings=True)
embeddings_2 = model.encode(sentences2,normalize_embeddings=True)
```

上述代码中的 sentences1 和 sentences2 是两个包含中文句子的列表。model.encode 方法用于将这些句子转化为向量表示。normalize_embeddings=True 参数表示在返回结果前对向量进行归一化处理。这一操作有助于在后续进行相似度计算时提高数值的稳定性和准确性。

（3）计算相似度

```
similarity = embeddings_1 @ embeddings_2.T
```

上述代码的作用是通过矩阵乘法（@操作符）计算两组向量之间的相似度。其中，embeddings_1 和 embeddings_2.T（embeddings_2 的转置）相乘后将产生一个相似度矩阵。矩阵中每个元素都表示两个句子向量之间的点积，这个点积可以作为衡量这两个句子之间相似度的有效指标。

（4）输出相似度

```
print(similarity)
```

上述代码用于打印相似度矩阵。该矩阵的每一行与 sentences1 中的句子一一对应，每一列则与 sentences2 中的句子一一对应，矩阵中的数值表示两个句子之间的相似度。

通过上面的示例，我们了解了如何比较两组句子之间的相似度。通过使用 Zpoint 模型，我们可以在中文语境下进行有效的文本相似度分析，这在信息检索、语义搜索等应用场景具有重要价值。该方法能够量化文本之间的语义接近程度，为进一步的文本处理提供支持。Zpoint 模型特别适合处理中文文本数据，能够更准确地反映中文语境下的语义特征。

注意　本书聚焦于中文语言环境下的实际业务应用，像 Nomic 这类模型在英文语境下表现极为出色。本书所介绍的模型均能在 Hugging Face 网站上获取。

大模型和向量化模型在自然语言处理领域扮演着重要的角色。尽管两者本质上都是基于深度学习技术来理解和处理文本数据的，但它们的侧重点和应用场景有所不同。大模型通常指的是如 GPT 等具有大量参数且经过大规模数据训练的模型。这类模型在语义理解、文本生成等复杂任务上表现出色。向量化模型则更多地用于将文本转化为固定长度的向量表示，这些向量可以用于处理文本相似度计算、聚类、信息检索等任务。虽然大模型和向量化模型的应用场景有所区别，但它们在处理文本数据时的底层逻辑是相似的，都是通过学习文本数据的内在表示来实现各种功能。因此，使用大模型进行向量化处理是一个合理的思路，因为大模型基于强大的语义理解能力可以生成高质量的文本向量表示。

下面的示例使用 llama_cpp 库来加载一个名为 Qwen2.5-1.5B-GGUF 的大模型（Qwen2.5 为阿里巴巴的系列开源模型），并利用它生成文本的嵌入向量。

```
from llama_cpp import Llama

model = Llama(
    model_path=qwen2.5-1.5b-instruct-q4_k_m.gguf,
    n_gpu_layers=-1,  # Uncomment to use GPU acceleration
    use_mlock=True,
    flash_attn=True,
    embedding=True
)
```

```
embeddings = model.create_embedding(["Hello, world!", "Goodbye, world!"])

print(embeddings[data][0]["embedding"][0])
```

执行上述代码的具体操作如下。

1）初始化 Llama 模型，并加载一个位于指定路径下的预训练模型文件。参数 n_gpu_layers=-1 意味着最大限度地调用所有可用的 GPU 层来加速模型的计算。use_mlock=True 表示锁定内存以提高性能。flash_attn=True 是指模型启用了快速注意力机制。

2）创建嵌入向量。create_embedding 方法用于为一个或多个文本字符串生成对应的嵌入向量。在上述代码中，它被用于生成两个句子的嵌入向量。

3）打印第一个句子嵌入向量的第一个元素。嵌入向量是高维空间中的数值表示，能够捕捉文本的语义信息。

通过上面的示例，我们了解了如何使用大模型来生成文本的嵌入向量，这些嵌入向量可在各种下游任务（如文本相似度比较、聚类分析等）中使用。大模型强大的语义理解能力，能够确保生成的向量具有较高的质量和区分度。

7.5　Clinical-Llama 3 的 Lora 微调

前面已提到过，微调和 RAG 是大模型应用中的两项关键技术，二者相辅相成，能显著提升模型的性能。在临床医学领域，对模型进行微调尤为重要，这是因为这一领域的语言具有高度的专业性和复杂性。通过微调，模型可以学习临床医学领域的术语和语境逻辑，从而提供更准确的信息和建议。

下面的示例展示了如何对一个临床医学模型（Clinical-Llama 3）进行 LoRA 微调。

（1）模型和分词器加载

```
model = AutoModelForCausalLM.from_pretrained(
    base_model,
    load_in_8bit=False,
    torch_dtype=torch.float16,
    device_map="cuda:0",
    )
    tokenizer = AutoTokenizer.from_pretrained(base_model)
```

上述代码加载了基础模型和对应的分词器。base_model 是预训练模型的路径。模型被加载到 CUDA 设备上后，使用半精度浮点数来加速训练。

（2）分词器配置

```
tokenizer.pad_token_id = 0
tokenizer.padding_side = "left"
```

上述代码设置了分词器的填充符和填充方向。在生成批次数据时，分词器需要正确处理填充。

（3）数据预处理

```
def tokenize(prompt, add_eos_token=True):
    result = tokenizer(
        prompt,
        truncation=True,
        max_length=cutoff_len,
        padding=False,
        return_tensors=None,
    )
    if result["input_ids"][-1] != tokenizer.eos_token_id and add_eos_token:
        result["input_ids"].append(tokenizer.eos_token_id)
        result["attention_mask"].append(1)
    result["labels"] = result["input_ids"].copy()
    return result
```

在上述代码中，tokenizer 函数用于将文本提示转换为模型可以理解的格式，包括截断、添加结束符等。

（4）LoRA 配置

```
config = LoraConfig(
    r=lora_r,
    lora_alpha=lora_alpha,
    target_modules=lora_target_modules,
    lora_dropout=lora_dropout,
    bias="none",
    task_type="CAUSAL_LM",
)
model = get_peft_model(model, config)
```

上述代码中先配置了 LoRA 的参数，包括 LoRA 的秩（r）、LoRA 的缩放因子 α（alpha）、目标模块（target_modules）等，然后使用这些参数来增强模型。

（5）数据集加载

```
if data_path.endswith(".json"):
```

```
        data = load_dataset("json", data_files=data_path)
    else:
        data = load_dataset(data_path)
```

上述代码根据数据路径的格式加载数据集。这里提供了对 JSON 格式数据文件的支持。

（6）训练准备

```
    trainer = transformers.Trainer(
        model=model,
        train_dataset=train_data,
        eval_dataset=val_data,
        args=transformers.TrainingArguments(
            per_device_train_batch_size=micro_batch_size,
            gradient_accumulation_steps=gradient_accumulation_steps,
            warmup_steps=100,
            num_train_epochs=num_epochs,
            learning_rate=learning_rate,
            fp16=True,
            logging_steps=10,
            optim="adamw_torch",
            evaluation_strategy="steps" if val_set_size > 0 else "no",
            save_strategy="steps",
            eval_steps=200 if val_set_size > 0 else None,
            save_steps=200,
            output_dir=output_dir,
            save_total_limit=3,
            load_best_model_at_end=True if val_set_size > 0 else False,
            ddp_find_unused_parameters=False,
            group_by_length=group_by_length,
            report_to="wandb" if use_wandb else None,
            run_name=wandb_run_name if use_wandb else None,
        ),
        data_collator=transfcrmers.DataCollatorForSeq2Seq(
            tokenizer, pad_to_multiple_of=8, return_tensors="pt", padding=True
        ),
    )
```

上述代码使用 transformers.Trainer 对训练参数和数据整理器进行设置。在此过程中，完成了对微批量大小、梯度累积步骤、学习率等参数的设置。

（7）模型训练

```
trainer.train(resume_from_checkpoint=resume_from_checkpoint)
```

上述代码用于开始训练。如果提供了检查点路径，也可以从检查点恢复训练。

（8）模型保存

```
model.save_pretrained(output_dir)
```

训练完成后，通过上述代码可将模型保存到指定的输出目录中。

通过上面的示例，我们了解了如何通过调整 LoRA 的参数和使用特定的数据集，让模型更好地适应临床医学领域的需求。在微调过程中，数据预处理、配置模型和设置训练参数是关键步骤。通过这些步骤，模型能够学习临床医学领域的专业术语和语境逻辑，从而在实际应用中提供更准确的信息和专业建议。如图 7-1 所示，微调后的模型在给出医学意见回复时，展现了更强的专业性，与微调前相比，其性能显著提升。

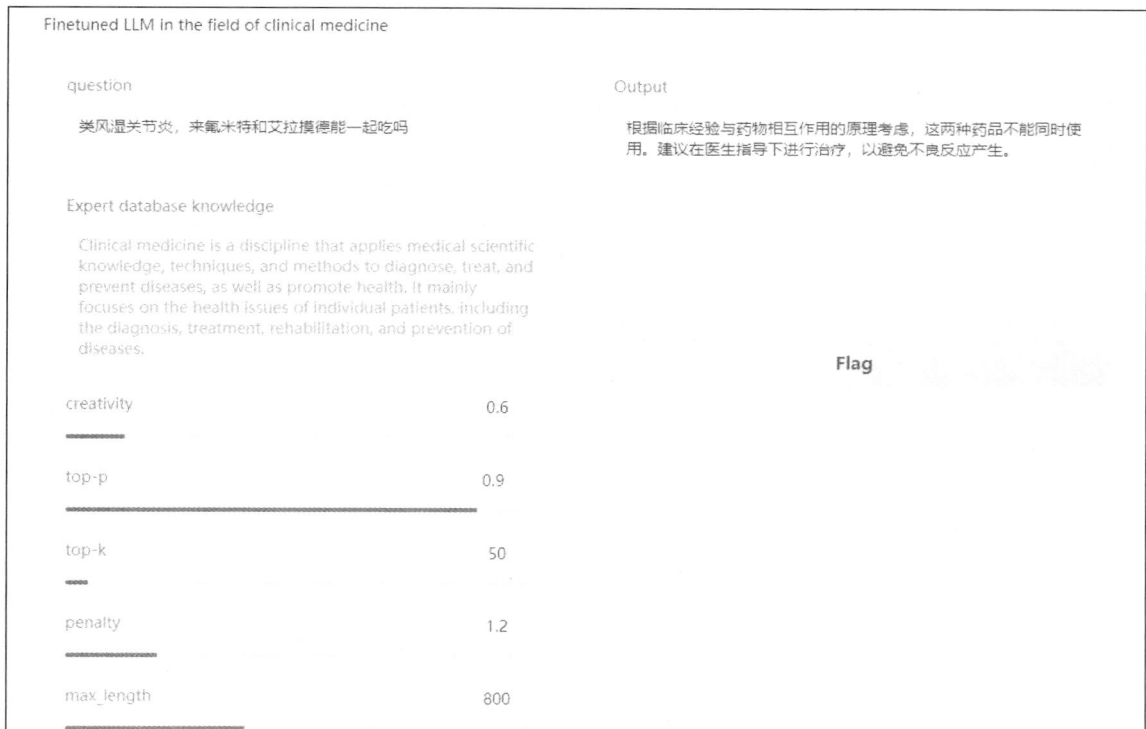

图 7-1　微调后的 Clinical-Llama 3 模型

注意 本节的示例代码与第 3 章的示例代码基本相同，区别在于本节使用的数据集质量更高，是由 GPT-4 根据一份真实的问诊记录生成的医患问答对。这再次表明，大模型在实际应用中的表现上限取决于数据。

7.6 Clinical-Llama 3 的向量化重排

在自然语言处理领域，重排（Reranker）是一种常用的技术，用于从多个候选答案中筛选出最佳答案。在临床医学等对准确性要求极高的场景中，为了提高回复的准确度，我们可能需要从多个来源收集答案，并对其进行重排。以下是答案可能的生成方法。

- 本地化小模型：响应速度快，适合处理常见问题。
- 通过 API 接口调用大模型：借助大模型的强大能力，对问题进行深入剖析。
- 联网搜索后由大模型总结：先通过联网获取相关信息，再利用大模型对搜索结果进行高效总结，提炼关键内容。
- 基于 RAG 背景知识的大模型学习总结：结合 RAG 技术和背景知识，使大模型生成更具针对性和准确性的总结内容。
- 传统系统：知识图谱、数据库、专家系统等传统系统凭借自身的积累为答案提供权威和专业的信息支撑。

主流的重排算法和模型有以下 3 种。

- BM25 算法：一种基于词频和逆文档频率的排序算法。它是信息检索领域中的经典算法，适用于文本匹配和排序任务。
- BCEReranker：一种基于 BERT 的重排模型，该模型使用深度学习技术来理解文本的语义，能够更精准地对文本进行重排。
- BGEReranker：一种基于 BGE（BGE 是一种运用对比学习策略的句子表示模型）的重排模型，用于生成高质量的文本嵌入向量。

下面的示例使用 sentence_transformers 库中的 CrossEncoder 模型来进行重排。

```
from sentence_transformers import CrossEncoder

# your query and corresponding passages
query = '感冒了怎么办'
passages = [
    '注意休息，建议年老体弱患者卧床休息，戒烟、多饮水、清淡饮食，保持卫生，可使用口服药物。'
```

```
    '吃药啊'
]


# construct sentence pairs
sentence_pairs = [[query, passage] for passage in passages]


# init reranker model
model = CrossEncoder(
rF:\AIGC\ChatAgent\RAG-LLM\5-RAG\Rerank\models\bce-reranker-base_v1,
    max_length=512
)


# calculate scores of sentence pairs
scores = model.predict(sentence_pairs)
print(scores)
```

执行上述代码的具体操作如下。

1）初始化 CrossEncoder 模型，并加载预训练的重排模型 bce-reranker-base_v1。max_length=512 指定了模型处理的最大文本长度。

2）构建查询和候选答案的句子对，这是重排模型的输入格式。

3）使用 predict 方法计算每个句子对的分数，这些分数代表了每个答案的相关性和准确性。

4）打印每个句子对的分数，这些分数可以用于后续的重排决策。

在临床医学等领域，为了提供准确的回答，通常需要从多个渠道获取候选答案，并对这些答案进行重排。BCEReranker 等基于深度学习的重排模型能够理解文本的深层语义，从而实现更精准的排序。与传统的 BM25 算法相比，BCEReranker 能够更好地处理复杂的语义关系，在需要理解文本深层语义的场景中，其表现尤为出色。通过使用 CrossEncoder 架构，我们可以轻松地对候选答案进行评分和排序，从而选出最佳答案。在硬件资源充足的情况下，这种方法可以显著提升回答的准确性和用户的满意度。图 7-2 所示为 BCEReranker 处理效果。可以看出，该模型认为前一个答案更优，这与人类的评判一致。

注意　通常，在重排阶段使用的模型体积较小，运行速度相对较快，因此在资源允许的情况下，推荐采用这一方案提升答案的准确性。然而在实际应用中，尤其是在对实时性要求极高的场景（如实时数字人交互系统），这一方案可能面临延迟问题，难以满足时效要求。当然，若显卡等硬件资源极其丰富，也有可能不会造成明显的延迟。

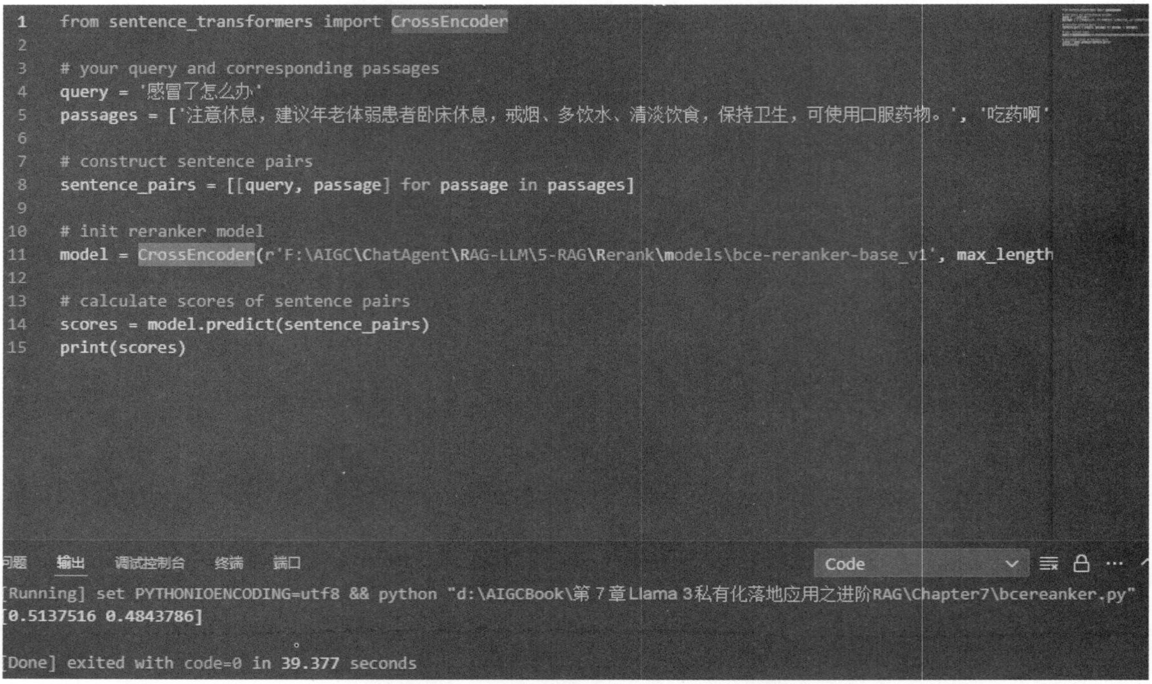

```
1    from sentence_transformers import CrossEncoder
2
3    # your query and corresponding passages
4    query = '感冒了怎么办'
5    passages = ['注意休息，建议年老体弱患者卧床休息，戒烟、多饮水、清淡饮食，保持卫生，可使用口服药物。', '吃药啊'
6
7    # construct sentence pairs
8    sentence_pairs = [[query, passage] for passage in passages]
9
10   # init reranker model
11   model = CrossEncoder(r'F:\AIGC\ChatAgent\RAG-LLM\5-RAG\Rerank\models\bce-reranker-base_v1', max_length
12
13   # calculate scores of sentence pairs
14   scores = model.predict(sentence_pairs)
15   print(scores)
```

```
问题   输出   调试控制台   终端   端口                                              Code

[Running] set PYTHONIOENCODING=utf8 && python "d:\AIGCBook\第 7 章 Llama 3私有化落地应用之进阶RAG\Chapter7\bcereanker.py"
[0.5137516 0.4843786]

[Done] exited with code=0 in 39.377 seconds
```

图 7-2   BCEReranker 处理效果

第 **8** 章 基于 Llama 3 打造专用 知识站与问答系统

在本章中，我们将基于 Llama 3 构建专用的知识站与问答系统，探索如何将深度学习技术应用于知识管理和信息检索领域。本章将从 Python 自动化处理文档的方法入手，逐步引导读者使用 LangChain 搭建关键的工作链，最终实现涵盖前端和后端的全栈式系统架构。

8.1 Python 自动化处理文档的方法

闻达（Wenda）是一个基于 LangChain 框架构建的外置知识库项目，旨在通过引入知识库提升小模型的生成能力，使其表现接近大模型的水平。笔者参与了该项目的开源开发工作，目前该项目在 GitHub 上的 Star 数量已超过 6000。该项目特别适合在中文环境中使用，能够理解和生成自然语言文本。

闻达项目的核心在于将本地文档内容进行向量化处理，并构建向量数据库，以便在接收到用户问题时能够快速检索相关信息并输出准确的回答。它支持多种知识融合方式，包括网络信息融合、本地信息融合，以及通过搜索引擎获取的互联网信息融合。项目的实现流程涵盖了从文档读取、文本分词、向量编码到问题向量匹配与检索的全过程。闻达项目还提供了多种数据采集方法，例如使用爬虫软件获取专业领域的数据，并进行数据清洗以保证知识库的质量。

此外，闻达项目还提供了详细的安装和配置指南，包括下载项目代码、安装依赖库、下载和配置模型、设置参数和运行项目等步骤。用户可以根据需要选择不同的模型和知识库，并通过调用 API 接口或使用工具集来实现内容生成和查询等功能。

闻达项目凭借其开源特性、高度灵活性，能够充分适配个人用户和中小企业的计算资源，有效降低使用成本。它支持内网部署，允许多用户同时使用，并且具备对话历史管理等实用功能。通过使用闻达项目，用户可以构建专属的知识库助手，提升知识获取效率，实现智能化交互，确保高效的数据处理。总的来说，闻达是一个强大的工具，可以帮助用户构建和使用自己的知识库，进而提升自然语言处理应用的表现力。闻达项目的主界面如图 8-1 所示，可以看到，其设计非常简洁，操作简单。

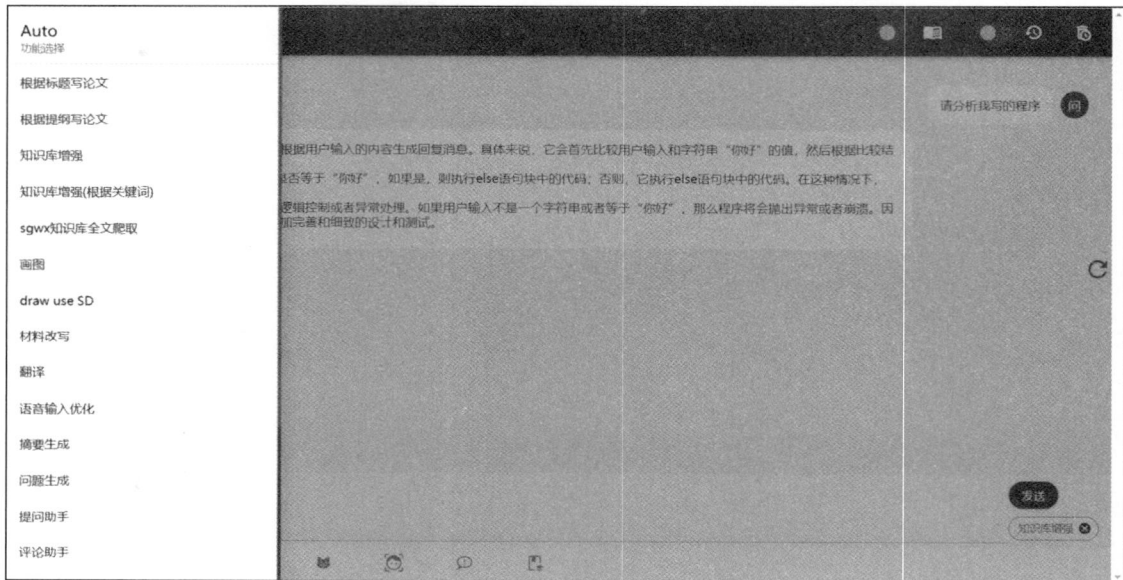

图 8-1　闻达项目主界面

在构建知识库和问答系统的初始阶段，自动化地处理文档以提取文本信息是一个关键环节。这通常涉及将 pdf.docx 等格式的文档转换为可编辑和可检索的文本数据。这个过程不仅包括基本的数据清洗，还会涉及更复杂的操作，如光学字符识别（OCR），用于处理包含图文和表格的复杂文档。

Python 作为一门功能强大的编程语言，提供了丰富的第三方库来实现文档的自动化文本提取。以下是一些常用的方法和库。

1. PDF 文档处理

- PyPDF2：这是一个非常流行的库，可用于读取 PDF 文件并提取文本内容。
- pdfminer.six：该库提供了高级的文本提取功能，能够处理包含表格和图片等的复杂 PDF 文件。
- pdfplumber：除了提取文本，该库还可以用来提取 PDF 中的表格数据。

2．Word 文档处理

python-docx 库允许用户读取、查询和修改 DOCX 文件，非常适合处理 Word 文档。

下面以 pdfdocx2txt.py 脚本为例，介绍如何遍历指定文件夹中的所有 PDF 和 DOCX 文件，并将它们转换为文本文件。

```python
import os
import docx2txt
from pdfminer.high_level import extract_text


for root, dirs, files in os.walk(./pdf/):
    for file_name in files:
        if file_name.endswith(.pdf):
            try:
                text = extract_text(./pdfqita/+file_name)
                with open(./txtqita/+file_name.replace(.pdf,.txt),
                w, encoding=utf-8) as txt_file:
                    txt_file.write(text)
            except:
                pass
        if file_name.endswith(.docx):
            try:
                text = docx2txt.process(./pdfqita/+file_name)
                with open(./txtqita/+file_name.replace(.docx,.txt), w, encoding=utf-8)
as txt_file:
                    txt_file.write(text)
            except:
                pass
```

- os.walk(./pdf/)：遍历指定目录下的所有文件和子目录。
- file_name.endswith(.pdf)：检查文件扩展名是否为.pdf。
- extract_text：使用 pdfminer 库提取 PDF 文件的文本内容。
- docx2txt.process：使用 docx2txt 库处理 DOCX 文件并提取文本。
- open(..., w, encoding=utf-8)：以写模式打开一个新的 TXT 文件，确保使用 UTF-8 编码。
- txt_file.write(text)：将提取的文本写入 TXT 文件。

pdfplumber 库提供了一个接口来提取 PDF 文件中的表格。同样，针对 PDF 中的图片文字识别，也有相应的方法和工具可以实现高效、准确的文字提取。

```
import pdfplumber

with pdfplumber.open("example.pdf") as pdf:
    page = pdf.pages[0]
    table = page.extract_table()
    for row in table:
      print(row)
```

上述方法和工具的应用，使得从各种格式的文档中准确地提取文本信息成为可能，这为构建知识库和问答系统提供了坚实的数据基础。

注意　需要特别强调的是，在 RAG 项目中，对非结构化文档的数据进行清洗十分重要，因为只有将优质的数据与先进的向量化模型相结合，才能达到更好的效果。以将 PDF 或 DOCX 文件转换为 TXT 文档为例，如果采用我们自行编写的脚本进行处理，难以满足高标准需求，就需要借助 LangChain 转换组件或 WPS 的转换工具。

8.2　使用 LangChain 构建关键工作链

在构建知识库和问答系统的过程中，LangChain 提供了一系列工具来读取处理、拆分文档，并将文本内容编码为向量形式，存储至向量数据库。完整的工作链包括读取文档、文本预处理、文本拆分、计算嵌入向量、向量存储和多线程处理等。以下是这一工作链的关键步骤和代码解析。

1. 文档读取

首先，需要从文件系统中读取文档，包括读取 PDF 文件和 TXT 文件。下面的代码会使用 os.walk 遍历指定文件夹，获取所有文件的路径。

```
all_files = []
for root, dirs, files in os.walk(source_folder_path):
    for file in files:
      all_files.append([root, file])
```

对于不同的文件，系统会根据其扩展名使用不同的方法读取内容。例如，对于 PDF 文件，会使用 pdfplumber 库进行读取；而对于 TXT 文件，则采用直接读取的方式，并对其编码格式进行检测。

```
if ext.lower() == .pdf:
    with pdfplumber.open(file_path) as pdf:
        data_list = [page.extract_text() for page in pdf.pages]
        data = "\n".join(data_list)
elif ext.lower() == .txt:
    with open(file_path, rb) as f:
        b = f.read()
        result = chardet.detect(b)
    with open(file_path, r, encoding=result[encoding]) as f:
        data = f.read()
```

2．文本预处理

读取文本后需要进行预处理，以便于进行后续的文本拆分和嵌入向量计算。预处理操作包括替换敏感字符、添加换行符、去除多余的空白行等。

```
python
data = re.sub(r! , "! \n", data)
data = re.sub(r: , ": \n", data)
data = re.sub(r。 , "。\n", data)
data = re.sub(r\r, "\n", data)
data = re.sub(r\n\n, "\n", data)
data = re.sub(r"\n\s*\n", "\n", data)
```

3．文本拆分

预处理后的文本会被拆分成更小的块，以便于进行后续处理。下面的代码使用 CharacterTextSplitter 根据字符数来拆分文档。

```
text_splitter = CharacterTextSplitter(chunk_size=100, chunk_overlap=0, separator=\n)
doc_texts = text_splitter.split_documents(docs)
```

4．嵌入向量计算

拆分后文本块通过嵌入模型转化为向量表示，下面的代码使用 HuggingFaceEmbeddings 函数来实现。

```
embeddings = HuggingFaceEmbeddings(model_name=model_path, device="cuda")
```

计算得到的向量需要存储到向量数据库中。这里使用 Faiss 作为向量数据库。

```
vectorstore = Vectorstore.from_texts(texts, embeddings, metadatas=metadatas)
```

5. 向量储存

Faiss 是由 Facebook AI Research 开发的向量数据库，主要用于高效的相似性搜索和密集向量聚类，特别适合在大规模数据集中进行快速最近邻搜索。在 LangChain 中，Faiss 被封装在 Vectorstore 类中，该类提供了多个关键方法，例如 from_texts 方法可用于创建向量数据库，merge_from 方法则用于合并新的向量。

```
if vectorstore is None:
    vectorstore = vectorstore_new
else:
    vectorstore.merge_from(vectorstore_new)
```

在处理完所有文档后，最终的向量数据库需要保存到本地文件系统中，以便后续使用。

```
vectorstore.save_local(memory/default)
```

如果已经存在一个索引文件，那么新的向量数据库可以合并到原有的索引中。

```
try:
    vectorstore_old = Vectorstore.load_local(memory/default, embeddings=embeddings)
    vectorstore_old.merge_from(vectorstore)
    vectorstore_old.save_local(memory/default)
except:
    print("新建索引")
    vectorstore.save_local(memory/default)
```

6. 多线程处理

由于文本处理和向量计算可能耗时较长，因此下面的代码使用多线程来加速这一过程。

```
thread = threading.Thread(target=clac_embedding, args=(texts, embeddings, metadatas))
thread.start()
```

同时，为确保多线程环境中向量数据库的一致性，系统引入了锁机制进行同步控制。

```
with embedding_lock:
    with vectorstore_lock:
        success_print("处理完成")
```

通过 LangChain，我们可以构建一条高效的工作链，涵盖文档读取、文本拆分、嵌入向量的计算和存储，以及将数据编码到 Faiss 向量数据库等环节。这一过程是构建知识库和问答系统的基础。

注意　不可否认，LangChain 是一个优秀的大语言模型应用开发框架，但随着 Agent 技术的兴起与发展，这个框架越发臃肿。因此，在实际项目中，需要根据具体需求灵活选择合适的 RAG 技术方案，并结合应用场景进行技术选型和开发。

8.3　构建问答系统的全栈架构

在构建问答系统时，后端服务的稳定性和前端界面的用户体验同样重要。后端主要负责业务逻辑处理、数据存取和知识库的语义检索等功能，前端则承担展示信息和收集用户输入等任务。本节将详细介绍如何使用 FastAPI 构建后端服务，并结合前端技术实现一个全栈式问答系统。

8.3.1　架设后端服务

问答系统的后端采用 FastAPI 框架开发，FastAPI 是一个现代、运行速度快（高性能）的 Web 开发框架，用于构建 API，它依托 Python 3.6 及以上版本的类型提示机制使代码更易编写和维护。

1．项目结构

在后端项目中，我们通常会采用以下结构。

```
/project_root
    /app
        __init__.py
        main.py
        /dependencies
            __init__.py
            dependencies.py
        /models
            __init__.py
            model.py
        /schemas
            __init__.py
            schema.py
```

```
        /routers
            __init__.py
            router.py
    /llms
            __init__.py
            llm_your_model.py
        /plugins
            __init__.py
            common.py
            your_plugin.py
        /schemas
            __init__.py
            schemas.py
        /.vscode
            settings.json
        .env
        README.md
        requirements.txt
```

- app/：包含主要的 FastAPI 应用代码。
- llms/：包含大语言模型的实现。
- plugins/：包含插件和工具函数。
- schemas/：包含 Pydantic 模型，用于请求和响应的数据验证。
- .vscode/：包含 Visual Studio Code 配置文件。
- .env：包含环境变量。
- requirements.txt：包含项目依赖。

2. 环境搭建

在项目根目录下创建.env 文件，配置必要的环境变量。示例代码如下。

```env
DATABASE_URL="sqlite:///db.sqlite"
LLM_TYPE="your_model"
```

使用 pip 安装依赖的示例代码如下。

```bash
pip install -r requirements.txt
```

3. FastAPI 应用

在 main.py 文件中初始化 FastAPI 应用。示例代码如下。

```
from fastapi import FastAPI
from . import routers

app = FastAPI()

app.include_router(routers.router)
```

4．路由设计

在 routers/router.py 文件中定义 API 路由。示例代码如下。

```
from fastapi import APIRouter, HTTPException
from fastapi.responses import JSONResponse
from .. import dependencies

router = APIRouter()

@router.get("/")
async def read_root():
    return JSONResponse(content={"message": "Hello World"})

@router.post("/find")
async def find_knowledge(prompt: str, step: int = None):
    if step is None:
        step = 0
    return dependencies.find_knowledge(prompt, step)
```

5．知识库检索

在 plugins/common.py 文件中实现知识库检索逻辑。示例代码如下。

```python
def find_knowledge(prompt: str, step: int):
    # 这里是检索逻辑
    # 根据prompt和step参数从知识库中检索信息
    return {"prompt": prompt, "step": step}
```

6．运行服务

使用 uvicorn 运行 FastAPI 应用。示例代码如下。

```bash
```

```
uvicorn app.main:app --reload
```

8.3.2　实现前端界面

前端界面使用 HTML、CSS 和 JavaScript 实现，并通过 JavaScript 调用后端服务。

1．HTML 结构

在 index.html 文件中定义页面结构。示例代码如下。

```
<!DOCTYPE html>
<html lang="en">
<head>
    <meta charset="UTF-8">
    <title>问答助手</title>
</head>
<body>
    <div id="app">
        <h1>基于大模型的智能问答助手</h1>
        <div v-for="message in messages" :key="message.role">
            <p>{{ message.content }}</p>
        </div>
        <input type="text" v-model="prompt" placeholder="输入问题">
        <button @click="ask">提问</button>
    </div>
    <script src="app.js"></script>
</body>
</html>
```

2．JavaScript 插件

在 0-zsk.js 文件中定义 JavaScript 插件。示例代码如下。

```
// ==UserScript==
// @name         知识库
// @namespace    http://tampermonkey.net/
// @version      0.1
// @description  利用知识库回答问题
// @author       StarRing
// @match        http://127.0.0.1:17860/
```

```
// @icon            https://www.google.com/s2/favicons?sz=64&domain=0.1
// @run-at document-idle
// @grant          none
// ==/UserScript==
function get_title_form_md(s) {
    try {
        return s.match(\\[(.+)\\])[1];
    } catch {
        return s;
    }
}


function get_url_form_md(s) {
    try {
        return s.match(\\((.+)\\))[1];
    } catch {
        return s;
    }
}


// 定义快速知识库功能
const func = {
    "快速知识库(快速匹配)": async () => {
        const Q = app.question;
        const kownladge = (await find(Q, app.zsk_step)).map(i => ({
            title: get_title_form_md(i.title),
            url: get_url_form_md(i.title),
            content: i.content
        }));
        if (kownladge.length > 0) {
            let prompt = "认真学习下面的已知内容，要仔细，并且严禁编造内容，
            尽量按照原文去回答问题。已知内容: " + \n +
            kownladge.map((e, i) => i + 1 + "." + e.content).join(\n) + "\n问题: " + Q;
            await send(prompt, keyword = Q, show = true, sources = kownladge);
        } else {
            app.chat.pop();
            sources = [{
                title: 未匹配到知识库,
                content: 本次对话内容完全由模型提供
```

```
            }];
            return await send(Q, keyword = Q, show = true, sources = sources);
        }
    }
};

// 定义其他功能……
```

3．知识库嵌入

在 HTML 文件中通过<script>标签引入 JavaScript 插件。示例代码如下。

```
<script src="0-zsk.js"></script>
```

4．前端调用后端服务

在 app.js 文件中使用 Vue.js 或原生 JavaScript 调用后端服务。示例代码如下。

```
new Vue({
    el: #app,
    data: {
        prompt: ,
        messages: []
    },
    methods: {
        ask: function() {
            fetch(http://127.0.0.1:17860/find, {
                method: POST,
                headers: {
                    Content-Type: application/json
                },
                body: JSON.stringify({ prompt: this.prompt })
            })
            .then(response => response.json())
            .then(data => {
                this.messages.push({ role: AI, content: data.content });
            });
            this.prompt = ;
        }
    }
});
```

　　采用 FastAPI 框架开发的后端服务实现了问答系统的核心功能，包括知识库检索和语义分析。前端页面通过 JavaScript 插件和 Vue.js 实现了用户交互和数据展示功能。前端和后端的结合为用户提供了流畅的问答体验。通过这种方式，我们可以实现整体的语义检索和智能问答功能。

　　总的来说，知识库是一种结构化的信息系统，它存储了经过精心整理和验证的专业知识。这些知识的呈现形式多种多样，可以是事实、规则、概念或相关文档。知识库在客户服务、企业决策支持、教育和研究等领域发挥着重要作用。问答系统建立在知识库的基础上，能够理解用户的问题并提供准确的答案。它通过分析问题的描述从知识库中检索相关信息，并生成清晰、准确的回答。

　　问答智能体是一种更高级的问答系统，通常以虚拟助手或聊天机器人的形式出现，能够模拟人类对话，提供交互式的问答服务。问答智能体利用自然语言处理、机器学习和深度学习技术来理解复杂的用户查询，并提供相关的答案或执行特定的任务。

　　问答系统和智能体的价值在于它们能够提升服务效率、降低成本、增强用户体验、确保信息的准确性和一致性、支持决策制定，并且易于维护和更新。随着 AI 技术的不断进步，问答智能体会变得更加智能，其交互表现也会变得更加自然，能够为用户提供更加丰富和深入的交互体验，帮助个人用户和企业快速获取信息，从而提升服务质量和运营效率。

　　注意　在大模型领域，没有一项技术是孤立存在的。无论是 RAG、微调、思维链与提示工程，还是 Agent、量化推理等，各项技术相互交织、彼此支撑。只有将这些技术融会贯通、综合运用，才能全面把握大模型，在实际应用中实现技术的进阶与突破。

扩展篇

第 **9** 章　Llama 3 手机与边缘计算部署

本章将深入讨论如何对 Llama 3 进行优化，并将其部署到手机和边缘设备上，从而开启端侧智能的新篇章。通过本章内容，读者将掌握在资源受限的环境下实现高效模型部署的关键技术，为移动和边缘计算场景提供切实可行的智能支持。

9.1　端侧大模型的价值与前景

本节将探讨端侧大模型的概念，剖析其快速发展的态势、实际落地情况、商业化价值以及应用前景。端侧大模型是指在移动设备或边缘设备上部署的大模型，它们能够在本地处理数据，实现快速响应，同时保护用户隐私。

1. 端侧大模型的概念

端侧大模型是人工智能领域的一个重要分支，它将强大的处理能力"注入"用户设备中。这类模型能够在智能手机、可穿戴设备等边缘设备上运行，实现本地化的数据处理和智能决策。端侧大模型的核心优势在于能够提供低延时的响应速度和个性化的用户体验，同时可减少对云端计算资源的依赖。

2. 快速发展与落地现实

随着硬件性能的提升和模型压缩技术的发展，端侧大模型正加速走向实用化。例如，Meta 的 Llama 3.2（包括参数量为 1B 和 3B 的轻量化版本）专为低能耗、移动端和边缘计算设备打造。这些模型不仅能够处理多种语言，而且体积小，适合在移动设备上部署。此外，谷歌的 Gemma 2B 模型在性能上优于 GPT-3.5 等参数量更大的模型，其在 iPhone 上的运行速度非常快。

3. 商业化价值

端侧大模型的商业化价值体现在多个方面。首先，由于用户数据在本地处理，减少了对网络的依赖，从而提高了响应速度，提供了更好的用户体验。其次，端侧大模型有助于保护用户隐私，因为敏感数据不需要上传到云端。此外，端侧部署可以降低企业的云服务成本，因为数据处理和存储可以在本地完成。

4. 应用前景

端侧大模型的应用前景非常广阔。它们可以广泛应用于即时消息生成、实时语言翻译、会议摘要、医疗咨询、科研支持、陪伴机器人、残障人士辅助以及自动驾驶等领域。例如，谷歌的 Gboard 应用利用端侧大模型依据聊天内容迅速给出回复建议，极大地提升了沟通效率。在医疗领域，端侧大模型能够在本地处理患者数据，既能够保护患者隐私，又能够在紧急情况下快速响应。

5. 大厂对小模型端侧推理部署的重视

诸多科技巨头正在将研发与应用重心转向端侧大模型领域。例如，面壁智能发布的 MiniCPM 模型，规模仅 2B 却实现了强大的性能，并且在端侧部署的成本非常低。这表明即使是较小的模型，通过优化也可以实现与大模型相媲美的性能，同时更适合端侧部署。

综上所述，部署端侧大模型正成为人工智能领域的一个重要趋势，这不仅能够提供更好的用户体验和数据隐私保护机制，还能够为企业创造商业价值。随着技术的不断进步，我们期待端侧大模型在未来能够在更多场景下发挥其潜力。

9.2　再探 llama.cpp

llama.cpp 是一个基于 C/C++实现的高效开源库，用于在本地 CPU 上部署量化模型，特别适用于边缘设备和移动设备等资源受限的运行环境。它的核心优势在于所采用的量化技术——该技术能够将模型参数从 32 位浮点数转换为低比特位宽的整数表现形式。这一操作显著降低了对存储和计算资源的需求。

1. 跨平台原理

llama.cpp 库的跨平台能力主要得益于其底层针对多种硬件架构所做的深度优化与适配。它不依赖其他外部库，这使其具备轻量级特性且易于集成。对于苹果 Silicon 等现代架构，llama.cpp

库进行了专门的优化，可充分利用 ARM NEON 指令集提升数据处理效率，并借助加速框架 Accelerate 进一步优化计算流程。同时，它还支持 Metal 技术加速图形渲染与并行计算。对于 x86 架构，llama.cpp 库支持 AVX、AVX2、AVX512 指令集加速，有效提升了模型推理速度和整体运行效率。此外，llama.cpp 库能够在多种操作系统上运行，包括但不限于 Windows、Linux 和 macOS，展现了良好的可移植性。

2．llama.cpp 库与 GGUF 模型的关系

llama.cpp 库与 GGUF 格式的模型关系密切。GGUF 是一种专为 CPU 运行场景优化的模型格式，它的前身是 GGML 格式。llama.cpp 库使用 GGUF 格式来存储和运行经过量化的模型。这种格式通过降低模型的精度，来降低模型对内存的占用，并满足推理时的计算需求，从而提升推理速度并降低能耗。GGUF 格式设计精妙，它不仅使 llama.cpp 库能够在 CPU 上高效运行，还支持 GPU 加速，这使得该库成为一个多功能的部署工具。

3．应用前景

llama.cpp 库的应用前景广阔，尤其适用于需要实时响应和高能效计算的场景。智能家居、物联网设备、边缘计算等领域都能从 llama.cpp 库的部署中受益。它的跨平台支持和量化技术让大模型能够在消费级硬件上运行，推动了 AI 技术的普及和应用。

4．商业化价值

llama.cpp 库的商业化价值体现在它能够降低企业部署 AI 模型时的硬件成本和运维成本。通过量化技术，企业可以在不需要高端 GPU 的情况下运行复杂的模型，这对希望快速部署 AI 解决方案但又面临成本限制的企业来说是一个巨大的优势。此外，llama.cpp 库的跨平台特性也减少了平台适配的工作量和成本。

llama.cpp 库凭借跨平台的量化模型部署能力，为 AI 模型的广泛应用提供了可能。它与 GGUF 格式的模型结合，不仅提高了模型的运行效率，而且降低了资源消耗，从而使得大模型的平民化成为现实。随着技术的不断进步和优化，llama.cpp 库有望在未来的 AI 领域发挥更加重要的作用。

9.3　Maid 与 MLC-Chat 分析

探索在移动设备上部署大模型的可行性时，Maid 与 MLC-Chat 作为两个关键的框架，为

GGUF 格式的大模型提供了良好的跨平台支持，尤其在手机端部署方面表现出色。这两个框架的核心都涉及对 llama.cpp 库的封装。这一设计使得它们在资源受限的设备上也能运行复杂的大模型。

1．Maid 分析

Maid 是一款跨平台的免费开源应用程序，允许用户在本地与 llama.cpp 库进行交互，同时也支持远程连接多种模型服务。Maid 利用 Git 子模块，广泛集成了多种功能，开发者只需克隆仓库，就可以获取完整的源代码。Maid 支持在 Windows、macOS、Linux 和 Android 等多种操作系统上运行，但目前不支持 iOS 系统。Maid 的一个显著特点是其内置了对 Hugging Face 模型库的支持，用户可直接在应用程序内下载模型，这为用户带来了便利。此外，Maid 还支持使用 Silly Tavern 角色卡，用户可以与自己喜欢的角色进行互动，这增加了应用程序的趣味性和互动性。图 9-1 为 Maid 在使用 Android 系统的 OPPO 手机上的实测效果，测试所用模型为 Llama 3.2 1B 量化 GGUF 格式的模型。

2．MLC-Chat 分析

MLC-Chat 是一个独立的应用程序，允许用户在 iPhone 和 iPad 上与开源语言模型进行本地化交互。作为 MLC LLM 项目的一部分，MLC-Chat 在将模型下载到设备后，所有运行都在本地完成，无须服务器支持或互联网连接，也不会记录任何用户信息。MLC-Chat 利用机器学习编译（MLC）技术将大模型映射到 Vulkan API 和 Metal 上，实现了跨平台（包括 Windows、Linux 和 macOS 在内的大多数消费平台）支持。MLC-Chat 的一个关键优势是它能够在不同的硬件后端和本地应用环境中原生部署任意语言模型。用户利用它提供的一个高效开发框架，可以根据具体使用场景进一步优化模型性能。MLC-Chat 的 GitHub 页面提供了丰富的资源，包括安装指南、使用说明和社区贡献指南。

3．两者的比较与总结

Maid 和 MLC-Chat 都展示了在移动设备上部署大模型的可行性。Maid 通过支持多种操作系统和与远程模型的交互，为用户提供了更高的灵活性。而 MLC-Chat 则专注于为 iOS 用户提供本地化聊天体验，并通过 MLC 技术，优化了模型在消费类硬件上的运行效率。两者都依托 llama.cpp 库构建，通过量化技术和模型优化，llama.cpp 库使得在 CPU 上运行大模型成为可能，这对于资源受限的移动设备尤为重要。

总体来看，Maid 和 MLC-Chat 代表了在移动设备上部署大模型的技术前沿。它们不仅为用户提供了与 AI 模型交互的新方式，也为开发者提供了在资源受限的环境下部署大模型的新工具。随着技术的不断进步，我们有理由期待这些框架在未来能够支持更多类型的模型和平台，进一步推动 AI 技术的普及和应用。

图 9-1　OPPO 手机上的实测效果

9.4　算力板的选配

在大模型的端侧部署中，边缘计算盒子扮演着至关重要的角色，在需要高性能计算和快速响应的应用场景中尤为如此。随着技术的发展，市场上出现了多种类型的边缘计算盒子，其中基于瑞芯微 RK3588S 等 AI 芯片的算力板尤为引人注目。

1．边缘计算盒子的需求

边缘计算盒子通常需要具备高性能的处理器、足够的内存和存储空间、丰富的接口类型以及良好的扩展能力。在几年前的 AI 视觉领域，这类设备主要用于处理图像和视频数据，执行机器学习模型推理，以及支持多种 AI 应用运行。因此，往往需要配备高性能的 CPU、GPU 和 NPU 来满足任务需求。

2．瑞芯微 RK3588S 芯片

瑞芯微 RK3588S 是一款高性能 AI 芯片，它采用由四核 ARM Cortex-A76 和四核 ARM Cortex-A55 组成的八核 CPU 架构，主频高达 2.4GHz，集成了 ARM Mali-G610 MP4 GPU 和具备 6 TOPS 算力的 NPU。这款芯片支持 8K 视频解码和显示输出，具备多个高速接口，包括 PCIe 3.0、USB 3.0 和千兆以太网等，非常适合用于边缘计算盒子。

3．鲁班猫 4

鲁班猫 4 是由野火科技推出的一款高性能单板计算机，基于瑞芯微 RK3588S 芯片设计，具备低功耗和高性能等特点，非常适合作为大模型和边缘计算的端侧部署解决方案。这款产品搭载了由四核 ARM Cortex-A76 和四核 ARM Cortex-A55 组成的 CPU 架构，主频高达 2.4GHz，GPU 为 ARM Mali-G610 MC4，支持 8K 视频编解码和显示输出。此外，它还内置了具备 6 TOPS 算力的 NPU，为 AI 应用提供了强大的推理能力。

鲁班猫 4 支持 4GB、8GB 和 16GB 的 LPDDR4X 内存，以及 32GB、64GB 和 128GB 的 EMMC 存储，为用户提供了灵活的配置选择。它配备了一个自适应千兆以太网口，支持 10/100/1000Mbit/s 网络速率，同时提供了 3 个 USB 2.0 Type-A 接口、1 个 USB 3.0 Type-A 接口和 1 个 USB 3.0 Type-C 接口，这些接口可用于连接多种外设。此外，它还支持 Mini PCIe 接口，可以搭配 Wi-Fi 网卡、4G 模块或其他 MINI-PCIE 接口模块使用。

在无线连接方面，鲁班猫 4 支持 IEEE 802.11b/g/n/ac 协议及蓝牙 4.2（BT4.2）模块，兼具 Wi-Fi 和蓝牙功能，使得设备能够以无线方式连接网络和其他设备。此外，它还支持红外遥控功能。

在视频和显示方面，鲁班猫 4 配备了 HDMI 2.1 接口和两个 MIPI 屏幕接口，支持多屏异显输出。它还提供了 3 个 MIPI 摄像头接口，为视频输入提供了丰富的选项。此外，它支持通过 TF 卡启动系统，最高容量可达 512GB，并配备了 RTC 功能和风扇接口。

鲁班猫 4 的应用场景非常广泛，既可以作为智能单机小型计算机使用，在办公、教育、编程开发、嵌入式开发等领域一展身手，也可以作为个人 Git 仓库、服务器、NAS、软路由以及

私有云等使用。

　　鲁班猫 4 还可广泛应用于机器人、无人机等项目开发，也可用于电视机盒子、智能家居中枢、家庭安防监控、智能音箱等智能设备的搭建。野火科技为鲁班猫 4 提供了完整的 SDK 开发包、设计原理图等资源，大大缩短了基于此算力板进行二次开发的时间，加快了产品的上市速度。

　　此外，鲁班猫 4 支持主流的 Android 13、Debian、Ubuntu 操作系统镜像，能够适应多种应用场景。鲁班猫 4 完全开源，并提供了官方教程，为开发者提供了极大的便利。图 9-2 和图 9-3 分别为该算力板的硬件标注和硬件参数。

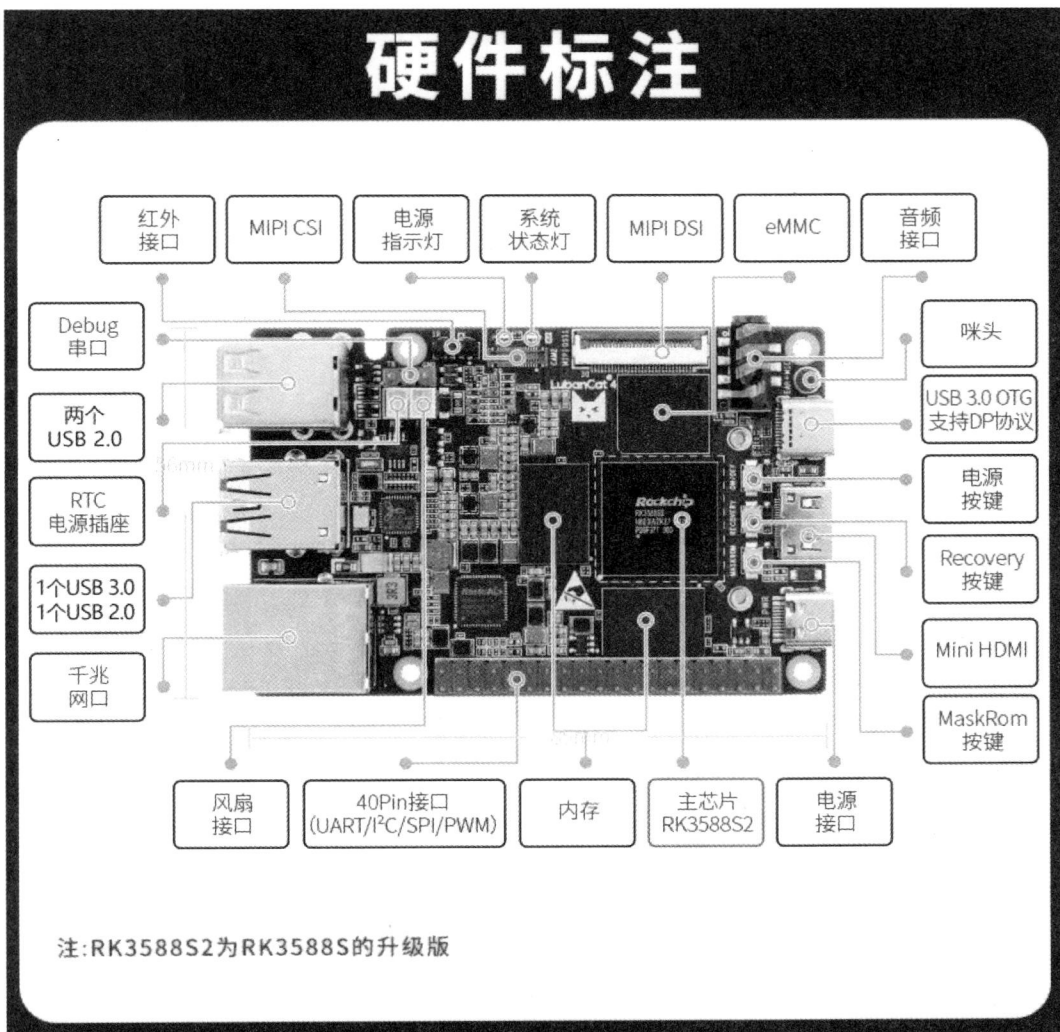

图 9-2　鲁班猫 4 的硬件标注

硬件参数

电源接口	5V@4A直流输入，Type-C接口（无数据传输能力）
主芯片	RK3588S2(四核ARM Cortex-A76+四核ARM Cortex-A55、ARM Mali-G610 MC4、6 TOPS算力) (RK3588S2为RK3588S的升级版)
内存	4/8/16GB，LPDDR4X（其他存储需求可定制）
存储	0/32/64/128GB、eMMC（其他存储需求可定制）
以太网	10/100/1000Mbit/s网络速率
HDMI	Mini-HDMI 2.1显示器接口，支持与其他屏幕多屏异显
MIPI-DSI	两个MIPI屏幕接口，兼容可插野火MIPI屏幕，支持与其他屏幕多屏异显
MIPI-CSI	3个2×15Pin BTB摄像头接口（正面1个，背面2个），兼容可插野火MIPI摄像头
USB 2.0	3个Type-A接口（HOST）
USB 3.0	1个Type-A接口（HOST）、1个Type-C接口（OTG）。此为固件烧录接口，支持DP协议，可与其他屏幕多屏异显
PCIe接口	Mini-PCIe接口，可配合全高或半高的Wi-Fi网卡、4G模块或其他Mini-PCIe接口模块使用
SIM+TF卡座	可同时插SIM卡和Micro SD(TF)卡，支持TF卡启动系统，最高支持512GB的存储容量
40Pin接口	兼容树莓派40Pin接口，支持PWM、GPIO、I²C、SPI、UART、CAN功能
Debug串口	默认参数为1500000-8-N-1
音频	1个MIC IN，电容咪头；耳机输出+1个麦克风输入二合一接口
按键	电源按键；MaskRom按键；Recovery按键
红外接收头	支持红外遥控功能
RTC	1个RTC电源插座
风扇接口	支持安装5V风扇散热

图 9-3　鲁班猫 4 的硬件参数

4．选配算力板

在选择算力板时，我们必须综合考虑多个关键因素，以确保其能够满足 AI 任务的需求。首先，算力板应具备高性能的 CPU 和 GPU，这是处理复杂 AI 任务的基础。其次，NPU 的算力是衡量 AI 加速能力的重要指标，因此选择算力足够的 NPU 对于满足 AI 推理需求至关重要。

此外，算力板应提供丰富的接口类型，包括 HDMI、USB、以太网等，以便连接各种外设和传感器。同时，算力板应支持常用的操作系统，以便于 AI 应用的开发和部署。最后，良好的扩展性也是必不可少的，这意味着算力板应能够根据具体需求增加存储、内存或其他硬件模块，以适应不断变化的技术要求和业务场景。

在大模型的端侧部署中，选择合适的算力板至关重要。瑞芯微 RK3588S 芯片及其相关产品提供了一个高性能、低功耗的解决方案，适合用于构建边缘计算盒子。通过精心选配算力板，可以有效保障 AI 应用的高效运行和快速响应。

9.5　llama.cpp Android 工程

llama.cpp Android 工程是一个跨语言合作的项目，它结合了 C++ 的性能和 Kotlin 的开发便捷性，用于在 Android 平台上部署和运行 Llama。这个项目主要分为两个部分：C++ 层和 Kotlin 层。其中，C++ 层负责处理与模型相关的复杂计算，Kotlin 层则提供易于使用的接口，便于 Android 应用调用底层功能。

1. C++ 层的关键代码

C++ 层是整个项目的核心，它负责加载模型、创建上下文、处理输入输出以及执行推理等关键任务。以下是对其中一些关键代码的解析。

（1）日志宏定义

```
#define LOGi(...) __android_log_print(ANDROID_LOG_INFO, TAG, __VA_ARGS__)
#define LOGe(...) __android_log_print(ANDROID_LOG_ERROR, TAG, __VA_ARGS__)
```

上述代码定义了两个宏（LOGi 和 LOGe），分别用于打印信息和错误日志。这是对 Android 日志系统的封装，使得在 C++ 代码中打印日志变得简单。

（2）模型加载

```
JNIEXPORT jlong JNICALL
Java_android_llama_cpp_LLamaAndroid_load_1model(JNIEnv *env,
jobject,jstring filename) {
    // ...
    auto model = llama_load_model_from_file(path_to_model, model_params);
    // ...
}
```

上述代码是 Java 调用的接口，负责从给定的文件路径加载模型。llama_load_model_from_file 是 llama.cpp 库的函数，用于实际加载模型。

（3）上下文创建

```
JNIEXPORT jlong JNICALL
Java_android_llama_cpp_LLamaAndroid_new_1context(JNIEnv *env,
jobject, jlong jmodel) {
    // ...
    llama_context * context = llama_new_context_with_model(model, ctx_params);
    // ...
}
```

上述代码用于创建一个新的上下文，这是执行模型推理所必需的。llama_new_context_with_model 函数根据提供的模型参数创建这个新的上下文。

（4）推理和生成

```
JNIEXPORT jstring JNICALL
Java_android_llama_cpp_LLamaAndroid_completion_1loop(
    JNIEnv * env,
    jobject,
    jlong context_pointer,
    jlong batch_pointer,
    jint n_len,
    jobject intvar_ncur
) {
    // ...
    const auto new_token_id = llama_sample_token_greedy(context, &candidates_p);
    // ...
}
```

上述代码实现了基于当前上下文和用户输入的推理过程。它调用 llama_sample_token_greedy 函数来预测下一个最可能的 token。

（5）性能测试

```
JNIEXPORT jstring JNICALL
Java_android_llama_cpp_LLamaAndroid_bench_1model(
    JNIEnv *env,
    jobject,
    jlong context_pointer,
    jlong model_pointer,
    jlong batch_pointer,
    jint pp,
    jint tg,
    jint pl,
    jint nr
```

```
) {
   // ...
   const auto t_pp_start = ggml_time_us();
   if (llama_decode(context, *batch) != 0) {
      LOGi("llama_decode() failed during prompt processing");
   }
   const auto t_pp_end = ggml_time_us();
   // ...
}
```

上述代码用于测试模型在特定输入下的性能。它记录了处理输入（prompt processing）和文本生成（text generation）的时间，并计算每秒处理的 token 数。

2. Kotlin 层对 C++层接口函数的调用

Kotlin 层作为 Android 应用的一部分，负责实现用户界面和业务逻辑，并通过 JNI 调用 C++层的接口函数来执行具体的任务。以下是 Kotlin 层调用 C++层的关键代码。

（1）ViewModel 初始化

```
class MainViewModel(private val llamaAndroid:
LLamaAndroid = LLamaAndroid.instance()): ViewModel() {
   // ...
}
```

在上述代码中，MainViewModel 是 Kotlin 层的核心，它持有 LLamaAndroid 的实例，LLamaAndroid 是 C++层的接口。

（2）加载模型

```
fun load(pathToModel: String) {
   viewModelScope.launch {
      try {
         llamaAndroid.load(pathToModel)
         messages += "Loaded $pathToModel"
      } catch (exc: IllegalStateException) {
         Log.e(tag, "load() failed", exc)
         messages += exc.message!!
      }
   }
}
```

在上述代码中，load 函数调用 LLamaAndroid 的 load 方法来加载模型。该过程采用异步方式执行，使用 Kotlin 的协程机制来处理。

（3）发送文本和接收生成结果

```
fun send() {
```

```
val text = message
message = ""
// ...
viewModelScope.launch {
    llamaAndroid.send(text)
        .catch {
            Log.e(tag, "send() failed", it)
            messages += it.message!!
        }
        .collect { messages = messages.dropLast(1) + (messages.last() + it) }
    }
}
```

在上述代码中，send 函数发送文本到 C++ 层进行处理，并收集生成的结果。这个过程采用异步执行，并且设置了错误处理机制。

（4）性能测试

```
kotlin
fun bench(pp: Int, tg: Int, pl: Int, nr: Int = 1) {
    viewModelScope.launch {
        try {
            val start = System.nanoTime()
            val warmupResult = llamaAndroid.bench(pp, tg, pl, nr)
            val end = System.nanoTime()
            // ...
        }
        catch (exc: IllegalStateException) {
            Log.e(tag, "bench() failed", exc)
            messages += exc.message!!
        }
    }
}
```

在上述代码中，bench 函数调用 C++ 层的性能测试接口对性能进行测试，并处理得到的结果。这个过程同样是以异步方式执行的。

llama.cpp Android 工程展示了如何在 Android 平台上有效结合 C++ 和 Kotlin 来实现复杂的 AI 模型推理。C++ 层提供了强大的模型处理能力，而 Kotlin 层则提供了易于使用的接口和良好的用户体验。通过这种协作，开发者可以在 Android 设备上实现高性能的 AI 应用。

注意 本节对编程能力有一定的要求，涉及 Android 工程开发及 Android NDK 的使用，包括 Cmake 构建与编译等内容，读者可以根据需要选择性阅读。

第 **10** 章 Llama 3 的高级功能

本章将揭开 Llama 3 中高级功能的神秘面纱,探索其在多模态交互和复杂决策中的强大潜力。通过本章的内容,读者将学习如何将 Llama 3 的高级功能有效应用于实际项目,实现从理论理解到实践落地的飞跃。

10.1　世界模型与多模态大模型

在探讨 Llama 3 的高级功能之前,我们必须先理解"世界模型"这一概念。世界模型是人工智能领域中的一个关键构想,它代表了机器对其所处环境的内部表示和预测机制。这种模型不仅能够帮助机器理解当前的状态,还能预测未来可能的变化,从而做出更加合理的决策。

1. 世界模型的概念

世界模型的概念最早可以追溯到认知科学中的"心智模型(Mental Model)",这是人类在认知过程中形成的一种心理构想,用于解释人们如何通过简化的内部模型来预测和理解外部世界的运行机制。在人工智能领域,世界模型被定义为一种智能系统所构建的内部表示,用于描述、理解和预测其所在环境的状态及其动态变化。它通过学习历史数据,逐步建立对外部世界的抽象表达,并具备对未来状态进行预测的能力。

杨立昆(Yann LeCun)等研究者在相关研究中进一步阐述了这一概念。他们提出的世界模型不仅包括对当前环境的状态表征,还引入了状态转移模型,用于刻画状态之间的演化关系。该模型的核心在于能够通过序列预测机制,推断下一时刻的状态表征,从而实现对环境动态的建模与理解。

在强化学习等领域，世界模型具有重要意义。它使智能体能够在不直接与真实环境交互的情况下，在内部构建模拟环境并进行推理、规划与决策，从而提升学习效率、降低试错成本，并增强系统的自主性和适应性。

2. 世界模型对 AGI 的影响

世界模型对通用人工智能（AGI）的实现意义重大。AGI 是指能够在广泛领域内执行各类智能任务的 AI 系统。世界模型提供了一种机制，使得 AI 系统能够更好地理解复杂的环境，并在此基础上进行推理和决策。通过构建精准的世界模型，AI 系统可以在模拟环境中进行大量的试错，从而在现实世界中做出更加精准的决策。

3. Llama 3 与世界模型

Llama 3 作为当前先进的 AI 模型之一，尽管官方尚未明确表示其设计中已引入世界模型的概念，但从其表现出的强大推理与上下文理解能力来看，它很可能在一定程度上融合了相关理念或机制。

世界模型是实现高级人工智能功能的关键技术之一，它不仅使机器能够理解和建模所处环境，还能在此基础上进行预测、推理与决策。通过构建世界模型，AI 系统可以更深入地理解输入数据的上下文信息，预判可能的发展趋势，并生成更加准确、合理的响应。对于 Llama 3 这类大模型而言，若在架构设计中有意识地融入世界模型的相关特性，将显著提升其处理复杂任务的能力，使其在多模态交互、长期推理等场景中表现更为出色。

随着人工智能技术的不断发展，未来 Llama 系列或其他先进 AI 模型若能更系统地整合世界模型的理念，我们将在通往通用人工智能（AGI）的道路上迈出关键一步。

4. 多模态大模型

多模态大模型的重要性在于其能够整合和处理来自不同模态的信息，如文本、图像、音频和物理世界数据。这种整合能力极大地扩展了人工智能的应用范围和效率。首先，多模态大模型通过结合大模型与视觉信息，能够更好地理解图像和视频内容。例如，通过解析图片中的内容以及与之相关的文本描述，模型可以在图像检索、自动字幕生成和视觉问答等方面表现出更为卓越的性能。其次，融入音频信息赋予了模型捕捉和理解语音和音乐的能力。这一特性在自动语音识别、情感分析和音乐推荐系统等应用场景中，发挥着尤为重要的作用。

此外，与物理世界的联动意味着模型能够理解并预测真实世界中的事件和物体的行为。这对于自动驾驶汽车、机器人导航和增强现实等领域具有革命性的意义。例如，多模态大模型通过整合传感器数据和环境信息，可以预测物体的运动轨迹，从而提高自动驾驶系统的响应速度和准确性。

综上所述，多模态大模型通过整合多种类型的数据，不仅提升了 AI 系统的理解能力，还提升了它在复杂任务中的应用潜力。随着技术的不断进步，多模态大模型将在医疗、教育、娱乐等多个领域发挥更加重要的作用。

10.2　Llama 3 与视觉大模型联动开发多模态对话平台

在人工智能技术飞速发展的今天，多模态大模型正逐渐成为研究和应用领域的热点方向。Llama 3 与视觉大模型的联动开发，预示着多模态对话平台的兴起。这类平台能够处理和理解来自不同模态的信息（如文本、图像、音频等），为用户提供更为丰富和自然的交互体验。

Visual RWKV 是一种具有代表性的视觉多模型（笔者参与研发），它采用 Vision Transformer 和 RWKV 相结合的混合架构，并提出了一种高效的图像表示方法。该方法针对图像 Token 应用 2D 池化技术，在降低计算成本的同时可保障模型的性能。这种混合架构不仅提升了模型处理多模态长上下文的能力，而且可确保研究的可复现性。为推动相关社区的繁荣发展，该项目团队考虑开源所有与 Llama 3 相关的模型、代码和数据集。

总之，多模态大模型的发展代表了人工智能技术演进的新趋势，Llama 3 与视觉大模型的联动，预示着未来人机交互方式将迎来重大变革。通过这种联动，我们有望实现更加智能和自然的对话平台，为用户提供前所未有的体验。

以下是对三个典型的开源多模态大模型代码的解析。

Qwen-VL-Chat-Int4 是一个多模态对话模型，能够处理图文对话任务。下面的代码展示了如何使用该模型进行第一轮对话，其中图文信息通过 tokenizer.from_list_format 方法传入模型。我们首先通过 snapshot_download 函数下载模型和分词器，然后使用 AutoTokenizer 和 AutoModelForCausalLM 来加载模型。模型的生成行为可通过 model.generation_config 进行配置，以控制生成文本的长度和质量。

```
from modelscope import (
snapshot_download, AutoModelForCausalLM, AutoTokenizer, GenerationConfig
)
import torch
model_id = qwen/Qwen-VL-Chat-Int4
revision = v1.0.0

model_dir = snapshot_download(model_id, revision=revision)
```

```
torch.manual_seed(1234)

tokenizer = AutoTokenizer.from_pretrained(model_dir, trust_remote_code=True)
model = AutoModelForCausalLM.from_pretrained(model_dir,
device_map="auto", trust_remote_code=True, fp16=True).eval()
model.generation_config = GenerationConfig.from_pretrained(model_dir,
trust_remote_code=True)

query = tokenizer.from_list_format([
    {image: demo.jpeg},
    {text: 这是什么},
])
response, history = model.chat(tokenizer, query=query, history=None)
print(response)
```

　　GLM-4V-9B 是一个视觉增强大模型，具备图文对话能力。下面的代码展示了如何使用该模型进行图文对话。我们首先通过 AutoTokenizer 加载分词器，并将用户的问题与图片共同作为输入内容传入模型。然后，通过 AutoModelForCausalLM 加载模型，并将模型设置为评估模式。在生成应答时调用了 generate 方法，并指定了生成文本的最大长度、是否采样以及采样的参数 top_k。

```
import torch
from PIL import Image
from modelscope import AutoModelForCausalLM, AutoTokenizer

device = "cuda"

tokenizer = AutoTokenizer.from_pretrained("glm-4v-9b", trust_remote_code=True)

query = 描述这张图片
image = Image.open("demo.jpeg").convert(RGB)
inputs = tokenizer.apply_chat_template([{"role": "user", "image": image, "content": query}],
                            add_generation_prompt=True,
                            tokenize=True, return_tensors="pt",
                            return_dict=True)  # chat mode

inputs = inputs.to(device)
model = AutoModelForCausalLM.from_pretrained(
    "glm-4v-9b",
    torch_dtype=torch.bfloat16,
    low_cpu_mem_usage=True,
    trust_remote_code=True
).to(device).eval()
```

```
gen_kwargs = {"max_length": 2500, "do_sample": True, "top_k": 1}
with torch.no_grad():
    outputs = model.generate(inputs, gen_kwargs)
    outputs = outputs[:, inputs[input_ids].shape[1]:]
    print(tokenizer.decode(outputs[0]).split(<|endoftext|>)[0])
```

MiniCPM-V-2_6 是一个视频和图像理解模型，能够处理与视频和图像相关的查询。下面的代码展示了如何使用该模型完成图像描述任务。首先通过 AutoModel 和 AutoTokenizer 加载模型和对应的分词器，然后将图片与用户问题共同作为输入内容传入模型。模型的响应通过 model.chat 方法生成，该方法直接处理图文消息并返回描述结果。

```
import torch
from PIL import Image
from modelscope import AutoModel, AutoTokenizer
from decord import VideoReader, cpu


model = AutoModel.from_pretrained(OpenBMB/MiniCPM-V-2_6, trust_remote_code=True,
    attn_implementation=sdpa, torch_dtype=torch.bfloat16) # sdpa
    or flash_attention_2, no eager
model = model.eval().cuda()
tokenizer = AutoTokenizer.from_pretrained(OpenBMB/MiniCPM-V-2_6,trust_remote_code=True)

image = Image.open(demo.jpeg).convert(RGB)
question = 这张图片描绘了什么
msgs = [{role: user, content: [image, question]}]


res = model.chat(
    image=None,
    msgs=msgs,
    tokenizer=tokenizer
)
print(res)
```

前文展示了三种多模态大模型在理解和生成跨模态内容方面的潜力，它们为构建更加智能和自然的对话系统提供了基础。随着技术的不断进步，未来这些模型有望在更多领域展现其应用价值。图 10-1 和图 10-2 分别为 MiniCPM-V 测试图片和图片推理结果。

注意　视频推理对话的流程与图片推理对话颇为相似。不同之处在于，视频推理对话需要借助 moviepy 等库，依据视频的 FPS（帧率）等参数，将视频文件拆解并保存为一组连续的帧图片。这组帧图片会以序列的形式输入到多模态大模型中进行综合推理。推荐使用 MiniCPM-V 来完成此项任务。

图 10-1　MiniCPM-V 测试图片

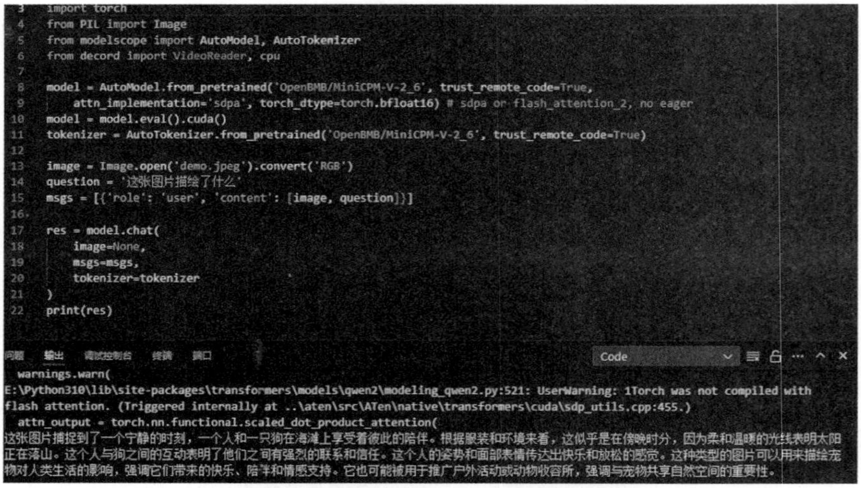

图 10-2　MiniCPM-V 图片推理结果

10.3　Llama 3 与语音大模型联动制作数字世界的分身

　　Llama 3 作为一款多模态大模型，与语音识别、语音合成、声音克隆和数字人合成等技术相结合，重塑着我们与数字世界的互动方式。这种融合不仅极大地拓展了人工智能的潜能，还为用户提供了更为直观、高效且个性化的交流体验。

语音识别技术的整合赋予了 Llama 3 理解和处理人类语言的能力，使得数字助手能够更加精准地执行检索信息、管理日程、控制智能设备等命令。此外，凭借先进的语音识别技术，Llama 3 打破了语言和方言的沟通壁垒，有助于实现无障碍沟通。

语音合成技术的应用使得 Llama 3 生成的文本可以转化为流畅自然的语音，让数字分身能够以更加亲切的方式与用户对话。这一技术在客户服务、教育、娱乐等领域极大地丰富了用户体验。

声音克隆技术则为数字分身的声音赋予了个性化特征，使其能够准确模仿特定个体的声音特征。这一技术不仅在娱乐行业（比如虚拟主播和游戏配音）得到了广泛应用，而且在帮助残障人士和保护个人隐私方面展现出独特的价值。

此外，数字人合成技术与 Llama 3 的结合，使得虚拟形象不仅拥有逼真的外观，还能通过智能对话与用户进行深入交流。这些数字人可以在虚拟客服、在线教育、虚拟偶像等多个领域提供更加沉浸式的互动体验。

总之，Llama 3 与这些语音技术相结合，不仅提升了机器的智能交互水平，也推动了数字分身技术向更高水平迈进。随着技术的不断演进，未来的数字分身将更加智能、更加个性化，它们将在更广泛的领域发挥重要作用，为用户提供前所未有的体验。

在语音合成领域，从文本到语音（Text-to-Speech, TTS）的转换技术一直是重要的研究和应用方向。传统的 TTS 模型，如 FastSpeech、Tacotron 等，已经在很多场景中得到应用。然而，尽管这些模型能够生成可理解的语音，但与真人发声相比，它们往往显得不够自然，缺乏表现力。这些合成的声音可能过于机械，缺乏真人说话时的语调变化、情感表达以及自然的停顿和节奏。

随着深度学习技术的发展，声音克隆技术已经成为语音合成领域的新兴趋势。声音克隆技术的核心在于创建特定人声的数字副本，这个副本能够模仿原声的音色、语调、节奏和情感。实现这一效果通常需要录制目标声音样本，并训练一个深度学习模型来学习这些样本的特征。一旦训练完成，模型就能够生成与目标声音高度相似的语音，几乎达到难以与真人发声区分的程度。

声音克隆技术的显著优势体现在它生成的语音更加自然和富有表现力。它不仅能够复制说话人独特的音色，还能够模拟其独特的语调模式、情感色彩以及自然的停顿和语流。这极大地提升了语音合成在用户体验方面的表现，尤其适合对自然交互程度要求颇高的场景，如虚拟助手、有声读物、客户服务等。

此外，声音克隆技术还能够用于创造个性化的语音。例如，用户可以根据自己的声音创建一个克隆模型，这样在与数字助手交互时，就能够听到与自己声音相似的回应，可极大地增强交互过程的亲切感和个性化体验。

总之，声音克隆技术正在推动语音合成领域向更加自然和富有表现力的方向发展。随着技术的不断进步，未来我们可能会看到更多以假乱真的数字声音，这将为语音交互带来更加丰富和真实的体验，当然，也会带来一定的风险。

在人工智能领域，语音识别、声音克隆和数字人合成这三项关键技术共同提升了人机交互的自然性和效率。以下将对结合了这三项技术的代码进行详细解析。

1. 语音识别：FunASR 和 Whisper

FunASR 是一个基于 PyTorch 框架开发的自动语音识别库，支持多种预训练模型和语音识别功能。下面的代码首先会通过 FunASR 类检查本地路径中是否存在指定的模型文件，如果不存在，则使用默认模型。然后通过 AutoModel 加载模型，以进行语音识别。

```
class FunASR:
    def __init__(self) -> None:
        model_path =
        "FunASR/speech_seaco_paraformer_large_asr_nat-zh-cn-16k-common-vocab8404-pytorch"
        vad_model_path = "FunASR/speech_fsmn_vad_zh-cn-16k-common-pytorch"
        punc_model_path = "FunASR/punc_ct-transformer_zh-cn-common-vocab272727-pytorch"
        self.model = AutoModel(
            model=model_path if model_exists else "paraformer-zh",
            vad_model=vad_model_path if vad_model_exists else "fsmn-vad",
            punc_model=punc_model_path if punc_model_exists else "ct-punc-c",
        )
@calculate_time
def transcribe(self, audio_file):
    res = self.model.generate(input=audio_file, batch_size_s=300)
    print(res)
    return res[0][text]
```

Whisper 是 OpenAI 推出的一个多语言语音识别模型，能够识别和转写多种语言的语音。下面的示例代码通过加载预训练模型，并使用 transcribe 方法对音频文件进行识别和转写。

```
python
class WhisperASR:
    def __init__(self, model_path):
        self.model = whisper.load_model(model_path)
    @calculate_time
    def transcribe(self, audio_file):
        result = self.model.transcribe(audio_file)
        return result["text"]
```

2. 声音克隆：CosyVoice 和 GPT-SoVITS

CosyVoice 是一个声音克隆模型，能够根据用户提供的参考音频生成具有相似声音特征的语音。下面的代码通过加载预训练的声码器模型，并使用用户提供的文本和参考音频生成定制化的声音。

```
class CosyVoice:
    def __init__(self, model_dir):
        self.model = load_model(model_dir)
    def generate_audio(self, text, ref_audio):
        # 这里将参考音频和文本输入模型，生成经过声音克隆的语音
        pass
```

GPT-SoVITS 是一个基于 GPT 的语音合成模型，它能够将文本内容转化为具有特定音色和语调的自然语音。下面的代码通过加载预训练的 GPT 模型和语音合成模型，并根据文本生成相应的语音。

```
class GPT_SoVITS:
    def __init__(self):
        self.model = SynthesizerTrn()
    def synthesize(self, text):
        # 这里将文本输入模型，生成语音
        pass
```

3．数字人合成：Wav2Lip 和 Musetalk

Wav2Lip 是一个口形同步生成模型，可以根据输入的音频生成对应的口型视频。下面的代码通过加载预训练的模型并提供音频文件，生成与音频同步的口型视频。

```
class Wav2Lipv2:
    def __init__(self, checkpoint_path):
        self.model = load_model(checkpoint_path)
    def generate_visualization(self, audio_path):
        # 这里将音频文件输入模型，生成与音频同步的口型视频
        pass
```

Muse Talk 是一个数字人合成平台，集成了语音识别、声音克隆和口形同步技术，可以生成具有逼真表情与自然口型动作的数字人视频。下面的代码通过提取音频特征、生成语音、进行口形同步等一系列复杂的处理流程，最终生成数字人视频。

```
class MuseTalk:
    def __init__(self):
        self.audio_processor, self.vae, self.unet, self.pe = load_all_model()
    def generate_digital_human(self, audio_path, video_path, bbox_shift):
        # 这里将音频和视频输入，生成数字人视频
        pass
```

前文介绍的这些技术依托先进的深度学习模型和大量的预训练数据，实现了从音频输入到

逼真数字人视频输出的全过程。随着技术的不断进步，未来这些技术将在娱乐、教育、客户服务等多个领域发挥更大的作用。

注意 本节介绍的模型都是当下表现较为出色的开源模型，如果能进行合理的整合，完全有潜力打造出优质的软件产品。

10.4　Llama 3 与绘图大模型联动进行 AI 图片设计

稳定扩散（Stable Diffusion）模型是一种先进的图像生成技术，它通过模拟扩散过程来生成高质量、高分辨率的图像。该模型的工作原理基于这样一个核心概念：从纯噪声状态出发，持续去除噪声，从而逐步恢复目标图像的细节和特征。在稳定扩散模型中，图像生成被视为一个条件化生成过程，在此过程中，模型通过学习大量的图像数据，理解图像内容和噪声之间的关系。

生成过程始于一张充满随机噪声的图像，然后通过迭代逐步为图像引入结构和细节。在每一次迭代中，模型都会基于前一步的输出，通过预测和消除噪声来优化图像，直至生成清晰、符合输入条件的图像。

稳定扩散模型的关键优势在于能够生成多样化和高保真度的图像，能够理解复杂的文本描述，并将其转化为视觉内容，同时保持图像的多样性和新颖性。

SDXL（Stable Diffusion Extra Large）是稳定扩散模型的扩展版本，专门用于生成分辨率更高、细节更丰富的图像。该模型通过增加参数量，极大地提升了对图像特征的捕捉和再现能力，能够精准还原更为精细的图像细节，从而输出视觉效果更加逼真、质量更高的图像。

图 10-3 为 SDXL-1.0 的简化流程图。整个流程始于文本提示（Prompt），这是引导图像生成的关键输入条件。随后，模型将这些文本提示转化为图像的潜在表征，一般呈现为高维向量形式（比如 1024 维向量）。该向量用于捕捉图像的关键特征。接下来，模型通过基础的图像精炼模块（Base Refiner）开始从噪声中恢复图像的基本结构。在迭代过程中，模型不断地优化这一潜在表征，每一步都在前一步的基础上进一步减少噪声，增加图像的细节和清晰度。图中的符号×表示这一迭代过程，而数字 1024 和 128 可能表示潜在空间的维度和在某个阶段的降维处理结果。

通过这样的流程，稳定扩散模型能够生成与输入条件相匹配的图像，这些图像不仅在视觉上更具吸引力，而且在内容上与输入的文本描述高度相关。该模型在艺术创作、游戏设计、虚拟现实等领域具有广泛的应用潜力，期待它在未来会带来更多创新的应用。

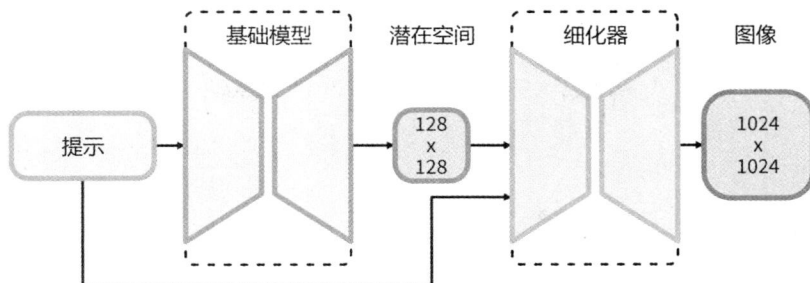

图 10-3　SDXL-1.0 的简化流程

SDXL 的体量巨大，且对计算资源要求极高，对许多用户来说，运行这样的模型可能会面临一定的挑战。为解决这个问题，开发者可能会选择使用更轻量级的模型，比如 SSD（Smaller Stable Diffusion）模型。SSD 模型旨在提供与 SDXL 相似的图像生成功能，但它需要的计算资源较少，文件体积也更小，更适合在资源受限的环境中使用。下面的代码展示了如何使用一个名为 StableDiffusionXLPipeline 的管道来加载和运行 SSD 模型。

```python
from diffusers import StableDiffusionXLPipeline
import torch

# 加载预训练的SSD模型，这里使用半精度浮点数来减少显存占用
pipe = StableDiffusionXLPipeline.from_pretrained("SSD-1B",
torch_dtype=torch.float16, use_safetensors=True, variant="fp16")
# 将模型移动到CUDA设备上，以便利用GPU进行加速
pipe.to("cuda")

# 定义生成图像的正向和负向文本提示
prompt = "A highly technological scene, accompanied by clouds and
stars, with a blue and black tone"
neg_prompt = "ugly, blurry, poor quality"

# 使用管道生成图像
image = pipe(prompt=prompt, negative_prompt=neg_prompt).images[0]
# 保存生成的图像
image.save("ssdtest.png")
```

上述代码首先从预训练的模型库中加载 SSD 模型，并调用 from_pretrained 方法指定使用半精度浮点数（torch.float16）来减少显存占用。然后，通过 pipe.to("cuda")将模型移动到 GPU 上，以便进行加速。接下来，定义正向提示（prompt）和负向提示（neg_prompt）。正向提示描述了期望生成的图像内容，负向提示指定了要避免出现的图像特征。最后，通过管道的生成方法 pipe 生成图像，如图 10-4 所示。该方法支持用户在资源受限的系统上利用轻量级 SSD 模型实现高质量的图像生成，同时兼顾生成过程的灵活性和高效性。

图 10-4　利用 SSD 模型实现图片生成

10.5　星河滚烫，你就是理想——具身智能 AGI

在探索未来人工智能的宏伟蓝图中，具身智能（Embodied Intelligence）无疑扮演着重要角色。它不仅仅是一种算法或模型，更是一个能够通过物理实体与环境互动并执行任务的完整系统。具身智能的核心在于本体和智能体的深度融合。其中，本体是指具有物理形态的机器人，智能体则是指控制本体行为的智能系统。

人形机器人作为具身智能的直观呈现形式，其研究和产品化进程正逐渐加速。以中国研发的先进人形机器人 OpenLoong 为例，它集成了多种传感器，具备较高的自由度，能够在复杂环境中执行各类任务。NVIDIA Isaac Sim 平台同样不容忽视，该平台为机器人搭建了一个物理仿真的虚拟环境，使得机器人可在安全无虞的环境中进行训练和测试。

在技术层面，基于多关节接触动力学（Multi-Joint dynamics with Contact，MuJoCo）的物理引擎，凭借其高效的动力学模拟和优化的接触动力学模型，为机器人学、生物力学等领域的研究提供了强有力的支持。此外，强化学习是具身智能中不可或缺的技术。它通过与环境的交互学习最优策略实现了从感知到行动的智能决策过程。

大模型与具身智能的结合，赋予了机器人更接近人类的思维模式。通过多模态输入和深层次的语义理解，大模型能够指导机器人更好地理解任务及其所处的环境，从而实现更好的交互。

展望未来，具身智能的发展前景广阔。随着技术的不断进步，我们可能会看到更加智能、灵活、自主的人形机器人出现在日常生活中。它们不仅能够完成简单的任务，更有望在复杂的环境中进行创造性的工作。随着数据的积累和算法的优化，具身智能将朝着更为智能化的方向演进，并在医疗、教育、家庭服务等多个领域发挥重要作用。此外，随着机器人本体技术的突破和智能体设计的创新，具身智能的自主性和环境适应性将得到显著提升，使其能够在更加多样化的环境中执行更加复杂的任务。

如图 10-5 所示，在探索人形机器人的行走机制时，我们通常会考虑三个主要的仿真环境：NVIDIA Isaac Sim、MuJoCo 及现实世界。每个环境都有其独特性和用途。NVIDIA Isaac Sim 是一个基于物理原理构建的虚拟平台，用于设计、模拟、测试和训练基于 AI 的机器人和自主设备。NVIDIA Isaac Sim 具备逼真的模拟特性，涵盖先进的 GPU 物理模拟技术，能够实现实时光线与路径追踪，呈现出高度逼真的视觉效果。此外，它还为基于物理性质的渲染提供 MDL 材质定义支持。

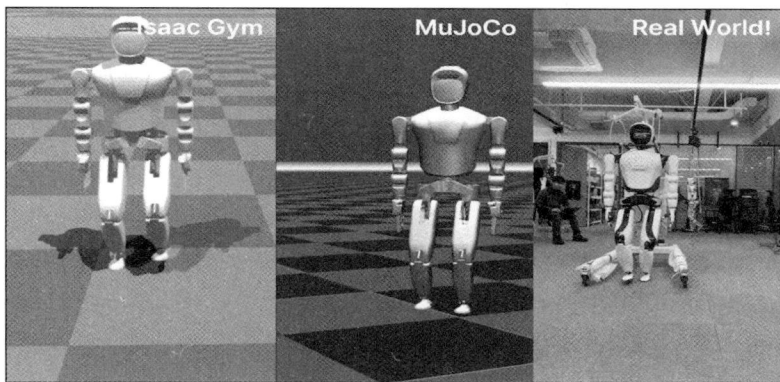

图 10-5　人形机器人行走

MuJoCo 是一款先进的物理引擎，旨在促进机器人学、生物力学、计算机图形学和动画等领域的研究。在真实世界中，人形机器人的行走则需要考虑实际的物理限制和环境变量，如地面的摩擦、机器人的重量分布、电机的扭矩等。真实世界的行走测试对于验证仿真环境的准确性和机器人设计的实用性至关重要。

通过结合仿真平台和现实世界的测试，研究人员可以开发出更加智能、适应性更强的人形机器人，以执行各种复杂的任务。随着技术的不断进步，未来的人形机器人将更加灵活、自主，并能在多样化的环境中执行任务。

在实现人形机器人行走的过程中，舵机扭矩参数的设定尤为关键。传统情况下，这些参数是事先设定的，但随着人工智能技术的发展，特别是大模型的应用，这些参数已可以通过神经网络进行学习和优化。利用强化学习等方法，机器人可以在仿真环境中不断尝试和调整，最终习得最为适宜的舵机扭矩参数，从而实现更加自然和高效的行走动作。这种方法不仅提高了机器人的适应性和灵活性，还大大降低了对人为干预的依赖，使机器人的行走更加符合实际情况。

后记

笔者经过总结前人研究，提出了一种新兴计算范式——神经形态心智计算（Neuromorphic Mind Computing，NMC），它试图通过模仿人脑的结构和功能来增强机器的智能水平。NMC 的核心在于模拟大脑的神经网络结构和信息处理机制，以实现更高效、更接近人类思维方式的智能系统。这种计算模式不仅关注算法和计算能力的提升，还致力于构建更加复杂和动态的系统，以应对日益增长的智能化需求。

随着大模型的快速发展，神经形态心智计算模型有可能成为大模型未来发展的一个重要方向。大模型通过深度学习技术已经展示出在自然语言处理方面的强大能力，但它们仍然面临着理解深度、常识推理和情感理解等方面的局限。

神经形态心智计算模型旨在通过引入神经科学的研究成果，进一步提升大模型的认知能力，使其能够更加自然地进行语义理解、推理和创造。在技术实现上，神经形态心智计算模型可用于探索如何将大脑的神经动力学、突触可塑性以及神经编码等特性融入计算模型。这可能包括开发新型神经网络结构、设计更加复杂的学习算法，以及创建能够模拟大脑功能的硬件系统。通过融合这些技术，未来的大模型将能够更精准地模拟人类的思维过程，从而在解决复杂问题、情感交互和创造性任务中有更加出色的表现。

此外，神经形态心智计算的研究还有可能推动多学科（包括智能科学、神经科学、认知科学、信息科学和计算数学等）的交叉融合。跨学科的协作将有助于从不同角度理解和模拟大脑的工作机制，为构建更高级的智能系统提供理论基础和技术支持。

总之，神经形态心智计算模型有可能使得机器的智能水平更接近人类，甚至在某些特定领域超越人类。